湛庐CHEERS

与最聪明的人共同进化

HERE COMES EVERYBODY

CHEERS
湛庐

分析思维的准则

Maxims for Thinking Analytically

[美]丹·利维 Dan Levy 著
吴琼 佘岚冰 梁昕怡 译

浙江科学技术出版社·杭州

测一测

分析思维如何助力我们的决策?

扫码加入书架
领取阅读激励

扫描二维码获取全部测试题及答案，一起了解分析思维的力量

- 国际谈判与夫妻间的谈判，这两者在哪方面是相似的?（单选题）

  A. 结构

  B. 方法

  C. 受众

  D. 影响力

- 玛丽和吉姆想一起粉刷房间。如果玛丽单独粉刷，要花 2 小时才能完成；如果吉姆单独粉刷，要花 3 小时。如果他们一起粉刷，要花多长时间完成呢?（单选题）

  A. 1 小时 12 分钟

  B. 1 小时 30 分钟

  C. 2 小时 12 分钟

  D. 2 小时 30 分钟

- 关于决策质量和结果质量，以下说法正确的是?（单选题）

  A. 好的决策一定会带来好的结果

  B. 好的决策不一定带来好的结果

  C. 坏的决策一定会带来坏的结果

  D. 结果的质量与决策的质量无关

扫描左侧二维码查看本书更多测试题

献给我最杰出的导师

理查德·泽克豪泽

（Richard Zeckhauser）

献给我最优秀的父母

约翰·利维（John Levy）与利奇塔·利维（Licita Levy）

推荐序一

接受不确定性，做出明智决策

理查德·泽克豪泽
哈佛大学政治经济学弗兰克·P. 拉姆齐教授

在世界各地，谚语都凝聚了世世代代的集体智慧。一位在科学、政治和文学领域都有卓越贡献的美国博学者本杰明·富兰克林说过一句至今仍具有现实意义的话："对知识的投资总能带来最好的回报。"这一智慧超越了时间和地域，提醒我们带着思考去学习具有持久的价值。

中国也拥有深厚的谚语传统。其中许多谚语强调决策的重要性，另一些则强调理解生活的复杂性。这些谚语的目标与本书中准则的目标不谋而合，都是为了提升你的分析思维能力，并增强你应对不确定性的能力。

有一句中国谚语与本书的主题极为契合，那就是“吃一堑，长一智”。它强调了即使是不好的结果也能教给我们宝贵的经验，而在一个充满不确定性的世界中，不好的结果是不可避免的。这一见解与本书中的一个关键准则相符：好决策不一定会带来好结果，而不确定性是生活中自然存在的一部分。从经验中学习，无论结果是好是坏，对于改进未来的决策至关重要。

本书中的准则聚焦于分析思维，不仅是为了提升个人和职业决策能力，也是为了应对更广泛的社会和政策挑战。从理解如何应对不确定性到认识到互补力量的作用，这些内容为清晰思考复杂问题提供了一个框架。

为了说明这些准则的实际应用，丹·利维从我以前的学生、同事和合著者中找到了一些例子。这些人中既有刚毕业的学生，也有杰出的领导者。他们的思考被融入了本书，他们的故事使这些准则变得生动，并体现了这些准则在现实世界中的价值。

我希望这本书能激励你磨炼分析思维，接受不确定性带来的教训，并做出更明智的决策。让这些准则成为你的指南，帮助你以更高超的技巧应对生活中的复杂性，抓住机遇。

推荐序二

向理查德·泽克豪泽的智慧致敬

劳伦斯·萨默斯
哈佛大学查尔斯·艾略特校级教授、荣誉校长
美国财政部前部长

理查德·泽克豪泽是一位卓越的学者，他在经济理论、公共经济学、决策分析、行为经济学以及其他诸多社会科学领域做出了重要贡献。这本著作介绍了理查德的又一项独特贡献。

几十年前，英国物理化学家和哲学家迈克尔·波兰尼（Michael Polanyi）提出了隐性知识的概念，用来表示“我们知晓却又无法表达的东西”。隐性知识的呈现形式有很多种：从

如何赢得桥牌游戏到如何维持幸福的婚姻，从如何清晰思考公共政策相关议题到如何拥有令人满意的工作，或者如何应对并不明朗的各种情况。每个人都拥有隐性知识，只是很少有人能像理查德那样涉猎如此多的领域。

这本书将理查德多年的心血汇聚在一起，用显性而非隐性的表达方式来展现他的远见和智慧。书中的准则可以使读者像他那样更好地思考和生活。理查德桃李满天下，我们在各处都能听到他的学生们讲述他的逸事，理查德的准则启发了他们更好地思考。用经济学的语言来说，他的准则是一种公共产品。

我有幸与理查德相识已经 50 多年。我 13 岁那年与他第一次相见，那时他是我父母的朋友，但不吝与我和我的兄弟们一起玩桥牌。从某种程度上来说，这并非理查德最成功的教学时刻：我们兄弟几个连刚出过的牌都不记得，当理查德开始阐述通过交叉出牌来逐步将对手的大牌钓出的可能性时，我们完全不知所云。

但从深层次来说，这是一个充满了教育意义的下午。我第一次领略到我们可以巧妙地运用逻辑来掌握复杂任务的处理，**策略需要建立在你的竞争对手也同样会使用策略的基础上，我们在进行决策时需要了解人人都会犯错**。这些理念对我的影响远不止牌桌之上。

多年以后，我已成为经济学专业的研究生，和理查德进行过多次交谈。我意识到思考经济问题比阅读经济学文献更加有趣和有用。理查德每次拿起一份《纽约时报》，至少能发现两种专家们分析有误的场景、三个逻辑错误以及四个看似毫不起眼但值得深思的问题。

几年之后，我因为不明病因的重病住院。理查德并非我最亲近的朋友，但是他来得最勤快。他的拜访与其他人截然不同。首先，想要跟上他的想法和思维，我就不得不从对自身疾病的忧虑中抽离出来。通常是医生教育患者和他们的访客，但理查德来访时并不是这样。当时医生对我的症状有两种可能的诊断。理查德向医生询问了这两种疾病在人群中的相对频率。较为严重的那种疾病的患病率是另外一种疾病的 1/10，所以我更有可能患上的是其中不太严重的那种。一批又一批的实习医生和住院医生来查房，但没人能回答出这两种诊断出现的相对频率，他们当中有些人认为这个信息与我的状况毫无关联。他们从理查德那里知道了应该去关注这些疾病的基础患病率，其中有不止一位住院医生感叹，理查德的观点对他们的教育意义比他们过去几周从主治医生那里学到的更大。

在我生病期间以及之后的几个重要节点，理查德用他的实际行动教会了我一个道理：人们在春风得意之时，很容易遇到高朋满座、竞相道贺的场景；但人们真正需要新朋旧友的时刻恰恰是自己失意落魄之时。对我而言，理查德长久以来一直是那个雪中送炭的朋友，弥足珍贵。

这本书是在向理查德的智慧致敬，没有人比他更值得这种致敬。我可以向无缘与理查德当面交流的读者保证，这本书物超所值。它可以通过清晰的指导使你更加敏锐和睿智，过上更加幸福的生活，并且还能惠及他人。读完这本书，你会和我一样享有我 1968 年在桥牌桌上获得的特权——向理查德学习，并将这份教义永久珍藏。

前　言

用分析思维的智慧做出更好的决策

本书的目标是帮你更加有条理地分析和思考，我希望可以帮你更好地理解你周围的世界，做更智慧的决策，最终拥有更丰满的人生。这是一个颇有野心的目标，如果没有理查德·泽克豪泽的观点作为基础，我是没有勇气写作本书的。理查德是哈佛大学的一位传奇教授，帮助了我以及很多人向着丰满人生的目标前进。

本书建立在理查德在哈佛大学肯尼迪学院开设超过40年的一门课——《政策分析框架》（*Analytic Frameworks for Policy*）的基础之上。

通过从多个角度，包括经济学、决策分析、行为决策、博弈论、运营分析等方面学习分析方法，许多学生认为这门课改变了他们的人生。新加坡前总理李显龙在他多年前来哈佛大学求学的时候曾上过这门课。他最近写信给理查德说："你的课给我留下了如此深刻的印象，以至于 40 年过去了，我还能记起许多我们讨论过的内容。我时常用到这些内容，也许更多的时候是无意识地运用这些知识帮助我理解一些数据或者问题。对此我常怀感激。"

这本书精炼了课程的核心观点，这些观点被理查德提炼成了一句话形式的准则，这使得那些重要的观点可以永垂不朽。理查德已经同他的学生、同事以及合作者持续分享这些准则很多年了，以至于大家都对这些准则记忆犹新。本书中的准则只是其中一部分。

我们可以从两个角度来看待这些准则的用处。第一，它们让我们刚开始思考事情时不再直觉化。例如，绝大多数人会直觉地将好的结果（比如"我对现在的工作很满意"）和好的决策（"我两年前接受了 X 公司的雇用"）联系起来，而准则"好决策不一定会带来好结果"可以让我们反抗这种直觉思维。第二，当我们直觉地知道什么是正确的行为却不知为何没有这样做的时候，准则可以帮助修正行为。比如，我们直觉地知道嫉妒无益，有些时候却成为嫉妒的受害者，就像网球运动员会本能地关注竞争对手而非球本身。在网球运动中，“让你的眼睛始终看着球”会帮助我们克服原始的思维惯性。同样，“莫嫉妒，朋友的成功也是你的荣耀”就是要提示我们知道什么对自己有益。

本书是为任何想要进行更有效的分析性思考的人而准备的。尽管本书具有分析性，但它不是数学书，我已尽力使用最少的术语来写作本书。对于想要更深入学习的读者，我提供了一些参考文献和注释。希望不论你此前的分析思维训练如何，都能从本书中获益。我见证过许多人，拥有多种人生经历、多种教育背景的人——从高中生到物理学博士，都从这些准则中有所收获。

2020 年春天，我将理查德最值得铭记的准则清单发给他的前同事、现同事、合作者和学生，邀请他们提交一则关于他们在生活或工作中应用其中一条准则的故事。我收到了超过 150 封回信。本书是在这些准则的基础上组织撰写的，每条准则下都添加了这些提交上来的将准则运用到生活中的故事。书中的一些例子和新冠疫情有关，这是 21 世纪前 20 年以来最严重的公共事件之一。政府和个人如何处理此次疫情，很确切地展现了准则的价值。

你将学到如何运用这些准则去理解发生在身边的事情，做出更专业和个性化的决策。例如，从世界层面来说，你会了解一个导致病毒感染率下降的核心原因，它很少被提及，却比绝大多数解释更加具有说服力。相似的潜在现象有助于解释为什么人们戒烟后的复吸率逐年走低。你也会理解为什么你不应当对 2016 年唐纳德·特朗普当选美国总统感到非常惊讶。从职业层面来说，你会学到帮你思考和决策的方法，比如怎么去选择合作对象、怎么决定花多长时间工作，以及许多其他对你的日常生活很重要的决策。从个人层面来说，你会学到理查德的一位同事是如何通过概率思考节约婚礼开销的；理查德和妻子萨莉如何在 25 年前做出了一个痛苦的医疗决定，极大地提高了萨莉的生存概率；为什么理查德要求他母亲的医生立即为她做手术，尽管这位医生建议等待检查结果以确定她是患了阑尾炎还是肿瘤。

谁是理查德·泽克豪泽？你也许会这样问。理查德在费城长大，后来去了长岛。他自 1958 年来到哈佛大学后从未离开。他从哈佛大学以优异的成绩毕业，获得了经济学博士学位，然后在哈佛大学肯尼迪学院任教超过 50 年。他是计量经济学会、医学研究所（美国国家科学院）和美国艺术与科学院的院士。2014 年，他被提名为美国经济学会的杰出院士。他与人合作发表了超过 300 篇学术论文，撰写了大量图书。

是什么让理查德如此成功？我以及许多对本书做出贡献的人认为，是他广阔的知识面、智慧和慷慨。理查德在很多领域发表过学术论文，包括决策理论、健康、金融、气候变化、大学录取、行为经济学、历史、社会项目定位、公私合作、艺术史和文学。他甚至出版了一本儿童书籍——《凤头鹦鹉和芭蕾舞演员》（*The Cockatoo and the Ballerina*），还有两本书正在筹备中。除了学术之外，理查德还是房地产私募股权公司 Equity Resource Investments 的高层管理者。最重要的是，他多次赢得全美桥牌比赛的冠军，他从 11 岁开始玩这种游戏，经常与职业玩家进行正面交锋。

用哈佛大学教务长艾伦·加伯（Alan Garber）的话来说，理查德聪明而富有智慧。你会在接下来的书中看到，许多他从前的学生和同事回忆理查德如何帮助他们做出艰难但重要的个人生活决策或者职业决策。他在最困难的情境下运用分析思维解决问题的能力，是我们向他寻求建议并且仰慕他的智慧的原因。

理查德的慷慨尽人皆知。他设法匀出时间给他的同事和学生，在他们需要帮助时伸出援手，给他们提供自己最珍贵的资源——时间，并且不求回报。他经常邀请同事和朋友来加入他和妻子萨莉的活动，看棒球赛或者篮球赛、去剧院看剧，或者参加他们的家庭宴会。他小时候的爱好之一是魔术，他与大家分享这种爱好的方式是时常邀请朋友和同事参加他最新发现的一些崭露头角的魔术师组织的私人魔术表演。在肯尼迪学院，理查德教的学生最终会竞选一些政治职位，他告诉这些学生："如果有一天你参选，我会为你的竞选捐款，不论我是否支持你的政治立场。"我认为这体现了他的慷慨和智慧，饱含着对学生的强烈自豪感。

本书是这样组织的。第 1 章为你提供了一些准则，可以帮助你透彻思考（即实事求是地、准确地、真实地思考），特别是当这样做有困难的时候。第 2 章介绍了一些准则，帮助你理解和应对不确定的世界。第 3 章介绍的是帮你在不确定性下做出更好决策的准则。第 4 章介绍的是帮助你更好地理解政策世界的准则。第 5 章讲述了帮助你活得更充实和智慧的准则。而"将准则融入生活"部分讲述了一些最重要的需要牢记的准则，并且指出了潜在的让你更好地进行分析性思考的下一步旅程。最后，本书附上了一些对本书有贡献的人对理查德的感激之语，以及对本书有贡献的人的名单和简短介绍。

我写作这本书是因为我认为理查德的智慧可以对世界上很多人产生帮助，包括那些不在剑桥、马萨诸塞州以及学术界的人。我怀着致敬的心态完成了这次写作，代表我自己以及其他许多受到理查德积极影响的人。我希望你也可以因本书而收获多多。

目 录

MAXIMS FOR THINKING ANALYTICALLY

第 1 章

简化现实，厘清思路

在试图清楚地思考现实世界的情况时

我们常常会陷入思维的困境

本章的准则直击痛点

将会帮你开启思考的大门

助推你走出思维的“死胡同”

第 1 章　简化现实，厘清思路

在试图清楚地思考现实世界的情况时，我们常常会陷入思维的困境。有时，我们甚至很难开始思考。当思绪受阻时，我们可能会在冲动之下仓促做出重大决策，也可能盲目地重蹈覆辙。如果我们还要在这种情况下替他人做事，那双方都会损失惨重。

本章所提出的准则直击痛点，将会帮你开启思考的大门，助推你走出思维的“死胡同”。它们有一个共同的主题：**最大限度简化现实情况，帮助你头脑清晰地思考问题。**而后，你就可以运用思考所获的感悟，轻松解决复杂的现实难题。

准则 1
难以厘清思路时，设想最极端的情况

玛丽和吉姆想一起粉刷房间。如果玛丽单独粉刷，要花 2 小时才能完成；如果吉姆单独粉刷，要花上 3 小时。如果他们一起粉刷，要花多长时间呢？很多高中生（甚至成年人）在第一次遇到这类问题时，都会脱口而出：2.5 小时。给你一分钟的时间想一想，怎么才能跟一名高中生解释清楚，为什么 2.5 小时不是正确答案。

一个有效的方法是想象玛丽独自粉刷，吉姆在一旁袖手旁观，粉刷完成需要花多长时间？ 2 小时。所以如果吉姆帮玛丽一起刷，他们定能在 2 小时之内完成。这是一个假设极端情况从而厘清思路的例子。在这个案例中，我们设想的极端情况是玛丽粉刷房间，吉姆什么都不做。[1]

在本书的所有准则中，准则 1 在理查德的合作者和教过的学生中最受欢迎。推而广之，这条准则对两种情况尤其适用：

- 想要更好地理解一个概念、问题或想法时；
- 想要评估你所做决定的最佳结果或最坏结果时。

下面，我们将依次分析这两种情况。

想要更好地理解一个概念、问题或想法时

刚接触经济学的学生有时很难理解边际消费倾向（简称 MPC）的概念。MPC 是个人消费变动额与可支配收入（加上税收返还和转移支付后的收入）变动额之比。这听上去已经很难理解了，更难的还包括 MPC 具体数值所代表的含义。在这种情况下，极端假设可以让我们对 MPC 数值的含义有更为直观的理解。

MPC 作为一个比值，它的两个极端值分别是 0 和 1。MPC 为 0 意味着，如果一个人得到额外的 100 美元收入，而一分钱也不会花。我们可以想想巴菲特，他已经拥有足够多的钱，可以买到任何想要的东西。即便伯克希尔－哈撒韦公司再给他 100 美元，他也不会想要消费。MPC 为 1 则意味着，如果一个人获得额外的 100 美元可支配收入，他会全部花光。我们可以设想某个极度贫困的人，花了这 100 美元，他能立即满足自己的基本需求。这些极端的例子可以帮助我们更好地理解 MPC。[2]

理查德从前的学生，现任斯沃斯莫尔学院教师的西翁·巴诺特（Syen Bhanot）说，他每学期都会用这条准则来帮助他的学生迅速理解新学的复杂经济学概念。他说："这条准则是

我帮学生建立直觉的利器，每次要用到它时，我都会提到理查德的名字。”

理解概念有时还需要纠正错误的认知。理查德的合作者之一——耶鲁大学管理学院教授巴里·纳尔巴夫（Barry Nalebuff）在教谈判时就是这么做的。他注意到，在谈判中，人们通常默认按比例分配是一种公平的解决方案。

假设一家公司的 A 部门购买软件包花费 2 万美元，B 部门购买软件包花费 1 万美元。两个部门可以花 2.4 万美元购买联合许可证，这样一来双方都可以使用软件包。那两个部门该如何分摊成本呢？大多数人认为 A 部门应该支付 B 部门所付金额的 2 倍，即 A 付 16 000 美元，B 付 8 000 美元。但合作的实际结果是节省了 6 000 美元。两部门对节省开支的需求同样强烈，也理应对省下来的资金平均分配：A 部门支付 17 000 美元（20 000−6 000/2），B 部门支付 7 000 美元（10 000−6 000/2）。

为了帮助学生更好地理解，纳尔巴夫举了一个极端的例子，假设了一家小型有机冰茶初创公司（称作大卫）和一家大型饮料公司（称作歌利亚）之间的谈判。[3]

分析思维的19条准则

简化现实，厘清思路

MAXIMS FOR THINKING ANALYTICALLY

准则1 难以厘清思路时，设想最极端的情况

准则2 思路不清时，找一个简单的例子

准则3 切勿安于复杂的现状

准则4 用日常生活中的例子作类比，理解现实世界的复杂

理解世界，更好地制定政策

MAXIMS FOR THINKING ANALYTICALLY

准则13 长除法是政策分析中最重要的工具

准则14 弹性是理解重要事情的有力工具

准则15 利用好人群的异质性

准则16 最大化利用优势互补

理解不确定性的世界

MAXIMS FOR THINKING ANALYTICALLY

准则5 这个世界远比你想象的更不确定

准则6 从概率的角度思考世界

准则7 不确定性令人更倾向于维持现状

在不确定性下做出明智决策

MAXIMS FOR THINKING ANALYTICALLY

准则8 好决策不一定会带来好结果

准则9 一些决策很可能会导致坏结果

准则10 有所为的错误和不作为的错误应该被同等对待

准则11 不要囿于眼前的选择

准则12 能改变决策的信息才有价值

让生活更充实，让人生更智慧

MAXIMS FOR THINKING ANALYTICALLY

准则17 莫嫉妒，朋友的成功也是你的荣耀

准则18 莫后悔

准则19 提前制订快乐计划，提高预期效用

在谈判中做出极端假设

巴里·纳尔巴夫

在物理学和数学中，人们经常通过假设极端的情况来发现矛盾和反例。理查德教我将这种方法应用到经济学中。

考虑以下谈判情境。大卫以 19 美分的单价从供应商处购买塑料瓶。规模更大的歌利亚能以 11 美分的单价向同一家供应商购买数量更多的相同塑料瓶。大卫要购买 5 000 万个瓶子，需要 950 万美元，但歌利亚只需花 550 万美元就能买到同样数量的瓶子。他们意识到，如果歌利亚买下这 5 000 万个瓶子，然后转卖给大卫，那么双方都会受益。谈判的关键是如何分配省下来的 400 万美元。

歌利亚自然而然提出按比例分配："我的采购额是 400 亿美元，你的采购额是 2 000 万美元，这就是 2 000:1 的比例。因此，我应该得到 399.8 万美元，你只能得到 2 000 美元。"

这种分配是如此失衡，歌利亚自己都有点理亏。他"慷慨"地给大卫分了 100 万美元，300 万留给自己。

但大卫反驳说应该是 50：50。"凭什么？"歌利亚质问道。歌利亚有强大的议价能力作为谈判筹码。大卫有什么？

“我的‘低效率’！”大卫脱口而出。他接着解释道：“没有我的高成本，你的购买力无法带来任何增值。”两者合在一起，才创造了400万美元的价值。说直接点，歌利亚需要大卫来接触到那些想要“大卫牌”微甜有机冰茶的客户群。歌利亚要想将购买力价值不仅应用于自己的客户（这点歌利亚已经做到了），还应用于大卫的客户，离不开大卫的帮助。

故事最终以歌利亚收购大卫画上圆满句号，这样就无须任何谈判了。相较之下我们可以看出，理查德有一种不同寻常的天赋。在理查德的研究领域，他是少有的“非典型”巨擘：他与年轻的合作者（包括我在内）平分功劳，即使那些伟大的见解实际上独属于他一个人。

有时候，在试图理解某个问题或某种情况时，研究极端的案例可以帮助你洞悉关键所在。理查德的学生和合作者之一——现任斯坦福大学的高级研究员卡伦·埃格尔斯顿（Karen Eggleston）在与维克托·富克斯（Victor Fuchs）教授的合作中，研究了美国等工业化国家在20世纪经历人口转型的经济后果。[4]转变的一个关键模式是人们的退休生活延长了。由于从事生产性经济活动的年限在一个人的生命中不再占较大比重，经济问题也随之而来。一位经济学家犀利地指出：“人们不能指望通过35年的职业生涯来支撑20～25年的退休生活。”[5] 卡伦回忆道：“我运用理查德的准则，把这个问题转化为一个极端的例子：‘长生不老会对经济有害吗？’显然，我们已经着重把工作时间和退休时间之间的不平衡（而不是总的生命长度）当作关键的经济挑战，但在分析关于寿命延长与生活水平提高之间的相互作用时，这种极端假设引导着我更好地思考。”

走向极端假设的一种表现是我们试图从异常值中学习，异常值即我们的数据中远高于（或远低于）其他值的观察值。乔纳森·纳尔逊（Jonathan K. Nelson）在试图理解文艺复兴时期的艺术品价格时就是这么做的。乔纳森是佛罗伦萨雪城大学专攻意大利文艺复兴艺术的教授，他和理查德合著了一本书，将信息经济学的创新方法应用到艺术研究中。[6] 理查德的知识渊博，由此可见一斑。

MAXIMS FOR THINKING ANALYTICALLY

通过观察异常值做出极端假设

乔纳森·纳尔逊

艺术史学家，尤其是像我这样专门研究文艺复兴的艺术史学家，常常会“只见树木，不见森林”。我们迷失在个别画作、艺术家或赞助人的枝叶中，理查德却不然：他选择创建模型。以我们对文艺复兴时期意大利的艺术研究为例，当时的主要作品无一例外都是委托制作的。对于经济学家来说，这种交易的数据池非常浅：这里有一份合同，那里有一笔付款，但几乎没有生成可靠模型所需的原始信息。由于一系列的问题，大多数研究文艺复兴时期的艺术史学家都避免论及财务状况。毕竟一般来说，我们不知道付款是否包括原材料，也不知道各种货币的确切换算值。

简言之，文艺复兴时期艺术家的报酬或他们作品的成本很难直接获知，但我们可以从异常值出发略窥一斑。16 世纪早期，意大利最著名的艺术家拉斐尔至少有三幅宗教画作的价格是正常水平的好几倍。令人惊讶的是，在文艺复兴时期的意大利，艺术品的价格几乎不会因尺寸、题材、年代或艺术家而有什么变化。在有据可查的作品中，近 2/3 作品的价格都在 100 弗罗林左右，比佛罗伦萨一位高级政府官员的月工资还要少一点；有 85% 的祭坛画的价格都在 200 弗罗林以下。相比之下，拉斐尔的三幅画作，每幅都能卖到 850 ～ 1 200 弗罗林！从这些极端的案例中，我们可以更好地理解文艺复兴时期艺术品的典型定价机制。为了实现这一点，即便数字上有几弗罗林的偏差也无关紧要。

理查德和我一起合著了一篇题为《拉斐尔：艺术巨星和他的高昂价格》（*Raphael, Superstar and His Extraordinary Prices*）的小短文。此处不便过多剧透本文，但遵循着理查德的准则，我们探索出了艺术巨星获得高昂报酬的原因。

想要评估你所做决定的最佳结果或最坏结果时

理查德教过的好几名学生和合作者都会在做决定前用到这一准则，来考虑最好或最坏的结果。例如，约阿希姆·内普（Joachim Neipp）在拜耳制药公司担任高级管理人员时就运用了这条准则，当时他正负责构建财务模型，预测拜耳与其他公司兼并的可能后果："我发现，建立一个模型，然后将其推向极端，对于厘清思绪总是有用的。这个模型必须反映拜耳公司与计划兼并或收购的公司之间的协议草案，且在模型的极端情况中，至少有一家公司会遭受损失。通过这种分析，两家公司能够看到协议是否真正反映了双方的意图及对合作关系的理解，我的公司也能够评估合作风险，制定出双方都能接受的风险分担方案。"

傅筱忱是理查德之前在肯尼迪学院的学生之一，此前在全球第三大银行中国农业银行工作时，她用这条准则来帮助中国农业银行向数字时代过渡。当时，越来越多的客户使用智能手机进行银行交易，而中国农业银行在全国各地仍有 25 000 个网点、30 多万名分行员工。部分分行发现，来现场办理业务的客户越来越少。傅筱忱和员工们都在思考该如何调整分行的数量和位置。“这时我想起了理查德教授的准则。为了找到极端案例，我们对一家功能齐全的银行分行提供的所有服务的规定和程序展开研究，找出了很难或完全不能在线上提供的服务。例如，政府禁止第三方快递公司运送实物黄金，所以客户必须到分行去购买实物黄金。在找到所有这样的服务后，再考虑到不同分行服务的客户的需求和偏好（例如，老年客户和农村地区客户还是会更青睐面对面的金融服务），哪些网点该关，哪些网点该留，就一目了然了。事实证明，这个项目规划有很高的性价比，也让银行更适应数字时代，更好地满足了客户的需求。我想，这条准则不仅给了我应对复杂局面的方法，更给了我战胜困难的勇气。”傅筱忱点出了准则 1 可能带来的两个关键好处，**它可以帮助你专注地处理问题，也可以在确定最佳决策时给你行动的勇气。**本书中的许多其他准则也是如此。

理查德曾经的另一位学生谭英兰，现在是一家面向亚洲的风险投资公司的创始管理合伙人。他将这种最坏情况下的极端假设运用到了与客户的合作中，特别是在面临危机之时。“在讨论危机将如何影响客户业务时，我们从设想最坏情况的角度讨论现金流和运营，并在此基础上开展工作。尤其是在逆境之中，极端假设不仅会帮助我们开展讨论，更出人意料地给人安全感：如果我们能通过最困难的压力测试，那其他情况都是小菜一碟。”[7]

对于这条强调极端假设的准则，约翰·多纳休（John Donahue）奉献了最后一个例证，他是理查德在哈佛大学肯尼迪学院曾经的学生、现在的同事，在和理查德合著的两本书中，他们对公私合作应该如何有效共创公共价值做出了评估。[8] 约翰认为，在自己的职业生涯中，考虑极端情况的观念或是影响他制定政策的关键。1994 年时，他是美国劳工部的一名高级政策官员。白宫决定要对中产阶级进行大幅减税，广泛征求具体形式层面的建议。从下面的专栏中你可以看到，他是如何运用这条准则提出政策建议的。

MAXIMS FOR THINKING ANALYTICALLY

在政策设计中做出极端假设

约翰·多纳休

美国劳工部部长鲍勃·赖克（Bob Reich）让我想办

法利用税法来促进工人接受培训。我遍寻文献却不得其法，于是也知道这不是件容易的事。

我聘请了一位名叫吉恩·斯图莱（Gene Steurle）的王牌税务专家，来帮助我和我的员工制定审查方案。我们想出了一个又一个的方案，但每个方案都存在两个同样的问题。第一，缺乏简单的方法来区分由于我们的激励措施而激发的额外培训和无论如何都会发生的固有培训。第二，工人培训（如成为助理护士、电工或计算机技术员的职业培训）和其他类型的人力资本投资（如大学学位）之间并没有明确的界限。这显然是存在问题的，因为我们并不想为有能力支付大学学费的家庭提供补贴。每次我们认为终于有了一个可行的税收激励方案时，吉恩都会读一读，略加思索，然后说："不，这最终只会为大学学费买单。"（如果他要花点时间思考才能得出这个结论，我就认为我们取得了阶段性胜利。）

这一中产阶级减税计划牵涉颇广，政府对其相当重视，但其他部门日复一日只是提出了一些不甚高明的建议。一天晚上，我心中又想起了理查德那条考虑极端情况的准则。如果我们对哪些人力资本支出可以获得税收补贴全不设限，而是接受大部分补贴将流向大学学费的事实，结果会怎样？主要是那些不论是否有补贴都会承担这部分支出的家庭受益。但是，如果我们把补贴限制在我们最想为其减税的低收入者身上，那就问题不大了，且这种限制完全可行。人力资本的增加将会颇受限制，不过不会为零。此外，面临激增的大学或培训开销的低收入人群能从减税中受益，这样的政策影响也是符合预期的。

此后不久，终身学习抵税政策正式颁布，该政策的一个版本至今仍在实施。我不敢希求理查德会认可这一政策，因为它在促使工人参加培训方面不是很有效。但结果肯定是向好的，毕竟理查德某个愚钝的学生将他的教诲牢记于心，并应用到了国家政策的制定中。

准则 2
思路不清时，找一个简单的例子

大多数美国读者都很了解 KISS 原则（Keep It Simple, Stupid），少数读者可能对“奥卡姆剃刀”很熟悉。[9]爱因斯坦有句名言：“一切事物要尽可能简洁，但不能以削减本质内容为代价来简化它。”理查德在学术工作中讨论的许多想法可能是复杂或微妙的，但他的恩师教过他一个简单的诀窍，可以帮助他更好地思考。

理查德常常提起在职业生涯早期与霍华德·拉伊法（Howard Raiffa）相处的故事。霍华德向他介绍了贝叶斯决策分析的原则，比如从概率的角度来思考问题，定义你对不确定性的偏好。理查德走进霍华德的办公室骄傲地说："霍华德，按照你的指示，我简化了我们讨论过的那个很难的群体决策问题，假设只有三种类型的代理人。""太棒了，"霍华德答道，"你已经取得了良好的进展。现在，回去试试两种类型的吧。"霍华德·拉伊法对至简的追求使他成为博弈论和决策分析领域的先驱，谈判分析领域的奠基人。[10]

理查德还提起过他的另外两位主要导师（都是诺贝尔奖获得者）——托马斯·谢林（Thomas Schelling）和肯尼斯·阿罗（Kenneth Arrow）如何追求简化。例如，谢林经常用容易理解的日常事例来比喻更复杂的情况，如用父母与孩子的谈判比喻国际谈判。谢林的讲授着眼小事，他可能会从现实中的停车标志说起，谈到隐喻性的"停车标志"，对由此牵涉的许多关键问题进行反复讨论。而阿罗的天才之处在于，在其他人只看到模糊复杂的问题时，他却能准确发现并提炼出简单的原理。[11]

当理查德自己的学生面临决策或困境时，他也向他们传授了简化问题的建议。理查德以前的学生之一，现任纽约大学教授的英格丽德·埃伦（Ingrid Ellen）回忆说："我在考虑攻读经济学还是公共政策学博士学位时犹豫不决、十分苦恼，于是向理查德寻求建议。他问了我一个问题，问我究竟是想非常精确地解决某一细分领域的问题，还是想研究我最关心的社会和经济政策问题，但并不追求精确的解决之策。如果我想做前者，我应该攻读经济学博士；如果是后者，我应该攻读公共政策学博士。这个选择对我而言是很容易的，理查德一如既往地大大简化了一个困难的决定。而做出选择之后，我果然也从未后悔过。”

斯坦福大学教授本杰明·范·罗伊（Benjamin Van Roy）在麻省理工学院时与理查德相识，他在强化学习领域应用了这条准则。该领域以复杂的人工神经网络系统所取得的非凡成就而闻名，而人工神经网络是在大量的计算资源中通过试错进行学习的。有一个很有名的计算机程序，它学会了国际象棋、围棋、街机游戏等几乎所有的游戏，甚至击败了人类世界冠军。[12] 要知道，由于这类游戏的复杂性，在学习的过程中理解什么有效、为何有效以及如何精进是很困难的。

本杰明说：“我十分赞成理查德通过设想简单和极端的情况来厘清思绪的想法。这两条准则本质上是相通的。为了设计出一种承载复杂功能的算法，我们可以制定一项可以轻松拿下的小任务，同时将这项任务中适用于通用算法解决方案的能力发挥到极致。当然，也不是所有人都这么想。有些人认为，强化学习领域已经能够攻克更为复杂的问题，继续研究如此简单的问题是很奇怪的。但我发现这种方法成果颇丰，得出的结论还可以迁移到更复杂的领域。鉴于理查德的准则，我在教学中也侧重于关注那些简单和极端情况的案例。”

他补充说：“事实证明，这种追求简单和极端的精神已然代代流传。例如，当下有一个开源软件，可以模拟各种简单和极端的强化学习任务。这个项目由我曾经的学生伊恩·奥斯曼德（Ian Osband）主导，为研究界提供了一个设计强化学习算法的平台。”

麻省理工学院斯隆管理学院的教员约翰·霍顿（John Horton）也是理查德从前的学生和合著者，他用简单的准则解决了网约车市场（Uber，Lyft，等等）的一大难题：从社会的角度来看，当司机决定是否出行时，他们应该知道乘客要去哪里吗？一方面，了解这些信息可以使司机选择“好”的出行需求、拒绝“坏”的出行需求。但如果许多司机都这样做，“坏”的出行需求的等待时间可能会很长，有“坏”出行需求的乘客甚至可能永远打不到车。另一方面，如果司机的成本不同（例如，下班时捎一个顺路的乘客成本会更低），允许他们挑选不同出行需求的乘客将会是经济有效的；每趟出行都会落在获利最多的司机手上。创建一个涵盖以上所有相关参数的模型可能会非常复杂。

约翰简化了问题，假设只有“好”“坏”两种出行需求，而且这两种出行需求出现的可能性相同。他还假设，司机只有两种可能的策略：（1）接受所有出行需求；（2）接受“好”的出行需求，拒绝“坏”的出行需求。通过简化问题（两种出行需求，两种策略），他成功获得了前所未有的发现。[13]

“一旦找到了问题的立足点，我就能更进一步开展研究。在对简单模型复杂化、通用化的过程中，我也能更好地理解新增的复杂性所带来的影响。这只是一个例子，但它完全代表了我的工作方式，即对问题内涵不断抽丝剥茧，直到形成对其工作原理的直观感受。这是非常有用的启发式方法，可以让我更好地了解这个错综复杂的世界。”

一些偏好数理分析的读者可能会把这条准则视作逃避思考的方式。但正如理查德在哈佛大学肯尼迪学院的同事、《早申博弈》（*The Early Admissions Game*）一书的共同作者克里斯托弗·埃弗里（Christopher Avery）所揭示的那样：“在遇到理查德之前，我并不喜欢通过简化复杂计算来推进研究，我认为这种走捷径的方式是懦夫所为。从理查德那里我才了解到，对技术的明智选择比走错方向的复杂计算更可取。”[14]

准则 3
切勿安于复杂的现状

这条准则与前一条很相似，理查德认为我们有时会迷失在问题的复杂性中，并不愿意开动脑筋思考，深挖核心问题。米尔顿·温斯坦（Milton Weinstein）是理查德的学生和共同作者，也曾在霍华德·拉伊法门下聆教，在哈佛大学陈曾熙公共卫生学院担任教授多年。他回忆说，理查德在 20 世纪 70 年代教授分析思维时，经常让学生批评那些复杂的动态模型，而在模型创作者眼中，这种模型的优势正在于其复杂性。“创作者认为，这些模型太过复杂，其输出结果仅凭人脑无法直观理解。理查德和我的观点与之相反。有时模型可能会产生不那么明显的结果，但分析师不能到这一步就收手了，他还需要破译意外结果背后的直觉，并且用通俗易懂的语言（也许再辅以一两张图表）解释给决策者听。结果未解的模型毫无用处，能够转化为直观见解并得到广泛理解的模型才有其价值。”[15]

理查德在哈佛大学肯尼迪学院的前同事、现任布朗大学教授的格伦·劳里（Glenn Loury），回忆了理查德帮他避免不必要的复杂性的旧事：“作为经济学家，这是我典藏的理查德式准则。30 多年前在肯尼迪学院工作时，我们的办公室只有几步之遥，所以我和理查德经常碰面讨论。我们会聊各种不同的话题，特别是每次说到分析性的经济学趣闻时，我们的交谈就会迸发额外的活力。在与理查德的多次交谈中，我得到的主要建议可以用这条准则很好地概括。长久以来，这句话对我的工作产生了深远的影响。在试图建立关于经济现象的模型时，我发现自己经常安于复杂的现状而不思改变。但事实证明，我之所以会这样做，正是因为自己未能切中肯綮，我只是在逃避失败罢了。在这个过程中，我还没做好分析，就过快地跳到了元分析[①]（meta-analysis）。我最终寻找的是概括性，却不知道什么是最有用的概括性见解。总而言之，这是蒙昧主义，我应该坚决抵制——我的改变在很大程度上是受到了理查德的影响！”

理查德的本科生研究助理劳拉·斯托扬诺维奇（Lorae Stojanovic）说：“在为理查德教授工作时，面对困难问题，我的第一反应往往是考虑如何应用上复杂的技术，而不是真正理解眼前的基本问题。这种做法并不一定是出于什么不好的目

① 元分析：一种统计学方法，又叫荟萃分析，用于比较和综合针对同一问题的研究结果。

的：我很高兴能在课堂上用到所学，也乐于思考解决问题的新方法。但是，这些增加的复杂性对解决问题真的很重要吗？可能并不会。因此，很多次我带着自认为精彩绝伦的复杂方案来找他时，他在仔细听后都会用更简单的方式完全颠覆我的想法。”

有时，我们安于复杂的现状而不去做分析工作，也就无法解决挑战性难题。基普·维斯库西（Kip Viscusi）指出，这种想法大错特错。基普是范德堡大学的教授，40 多年前在理查德的指导下完成了本科和博士论文，他将理查德视作自己在经济学领域的引路人。他已经出版了 30 多本书和发表了 300 多篇文章（许多是与理查德合著的），主要关注风险和不确定性方面的内容。基普回忆说，在要分析的成分无法精确估计时，自己会用到这条准则。“有些人宣称问题太复杂，经不起分析工具检验，而不愿对其做理性分析。我发现，准则 3 几乎适用于所有风险和环境监管问题，2020 年的新型冠状病毒感染疫情（以下简称“新冠疫情”）就是一个典型例子。有些人认为，对疾病的风险和可能造成的经济后果的估计充满了不确定性，根本就不用考虑在这方面开展分析。但恰恰是在这种情况下，分析思考可能会产生最大的收益。”

这种至简的理念也有助于推动项目进展。哈佛大学肯尼迪学院某研究中心的负责人斯科特·利兰（Scott Leland）说，理查德在来肯尼迪学院短期工作（通常是一年）的高级研究员身上运用了简单性准则。“研究员一开始想的是写一本关于宏观经济政策、金融监管或医疗保健的书，但在初始阶段，他们都会陷入复杂性的困境。理查德会让他们选择一个小而精的分论点，并建议他们‘谈点有趣的东西’。通常情况下，如果能够以分论点为题完成一篇独立的论文，这个研究员就已经成功了。在写完三四篇这样的文章以后，他们攒下的章节就足以成书，也就实现了最初的目标。”斯科特补充说，“我一直坚持在方方面面用到这条准则。如果计划开会，我会任选一个简单的地方开始，然后逐级部署。如果计划开展项目，我就把项目精简成最简单的情况，然后在推进的过程中充实细节。”

当你需要对别人的工作提出问题时，简单性准则很重要。理查德的前同事和合作者，现任加州大学洛杉矶分校的教授特德·帕尔森（Ted Parson）说道：“想出一个问问题的简单方法，可以帮你厘清自己的思路。我们来算一下提出简单问题的潜在收益和成本。由于这个问题可能会被认为有点愚蠢，相应的负面风险是，听众会对你产生不好的印象，你也会经历片刻的尴尬。但这两个弊端都是可以弥补的，即使你未能成功补救，它们也会很快过去。而提出简单问题的好处是，你主动阐明了自己对问题的理解，而如果不把它转化为文字说出来，你的脑海可能依旧是一团乱麻。此外，你对问题的阐述也会让旁听者豁然开朗。也就是说，你能帮助自己和他人获得新的见解，同时还可以收获他人的感激。特别是考虑到人们对较小的风险的零风险偏差①，提出问题总是更好的选择。你还会因为敢于发言的勇气赢得别人的些许钦佩，即便这种奖励不是必需的：他人可能会认为提出问题需要的只是勇气，那是因为他们没有计算过相应的收益和成本。”

哈佛大学肯尼迪学院的教授加里·奥伦（Gary Orren）说，比起严格遵循简单性准则，人们更多时候总是会与之背道而驰。“它是普遍认知，但并不是普遍做法。为什么简单性准则理解起来容易但做起来难？一方面，我们处理的问题往往很复杂，比如，如何提供人们负担得起的高质量医疗服务？如何在全世界与邪恶的非国家行为体做斗争、维护国家安全？又如何管理全球化经济？这样的问题往往不容易简化。另一方面，我们在学校里接受的教导其实也与 KISS 原则背道而驰。当我们在历史考试中回答‘罗马帝国灭亡的原因’时，我们通常会奋笔疾书，尽量把答题纸都填满，然后让阅卷老师在长篇大论里挑出三四个给分点。我们在学校里这样做也许可以得高分，但在现实世界这么做则行不通。我们不能在庞杂的内容中寻求心

① 零风险偏差：人们往往偏好把较小的风险降为零，而不是用另一种方案在整体上减少更多较大的风险。

理安慰，毕竟听众不会为我们编辑我们的思维和沟通内容。我们必须学会自行编辑，也就是简化自己的观点。”

MAXIMS FOR THINKING ANALYTICALLY

棒球教学中的简单性准则

加里·奥伦

我在中西部地区打棒球长大，此后在新英格兰少年棒球联盟执教。正是在棒球场上，我第一次领悟到简单的力量。

特德·威廉姆斯（Ted Williams）曾经发出过疑问：棒球运动中最难的部分是击球吗？此前，我一直努力教球队的孩子们如何击球。我清楚地记得在我执教生涯早期的一个夏天，我读了几本关于击球科学的书，其中就有特德·威廉姆斯那本广为流传的指南。而后，经过精心准备，我向球队提交了一份内有丰富插图和图表的演讲稿。

接下来的一周，我在外地出差，我的助理教练代我负责球队训练。他无意间问到孩子们对我上周的演讲有何印象。孩子们回以一片茫然的目光和寥寥几声“我不知道”。我的演讲在他们的脑子里就是一团糨糊。

回到家后，我联系了我的助理，问他训练的情况如何。他这才告诉我实情。他说，孩子们私底下甚至给我打了不及格。从这份尴尬的成绩报告中回过神来，我才发现，我那过多的细节让孩子们不知所措。在相对较近的距离内，击中高速飞来的棒球是一项艰巨的任务，涉及无数复杂的因素。我的思维和演讲囿于这些复杂的因素，让我的队员们全都云里雾里。

于是，我坐下来准备一份新的演讲稿。是时候厘清我的思路和教学了。简单性原则真是我的救星。

在下一次团队练习中，我决定专注于我认为最重要的三个因素。“一切都围绕着三个 H：手部、臀部、头部（Hands，Hips，Head）。”手部：如何用手握住球棒，以及控制手相对于躯干的摆放位置；臀部：挥棒时，如何将臀部朝向投手，而后做旋转动作；头部：在球从投手手中飞往球棒的全过程中，视线如何始终落在球上。

手、臀、头，这成了我们的口号。我把击球的复杂性简化为三个核心要素，它们言简意赅，便于理解。顺便一提，简单性原则的一个推论是“三的法则”（Rule of Three）。学术研究和一些逸事趣闻都证明了“三”的魔力。例如，世界各地的人都会说：“各就各位，预备，开始。”

那个赛季，我们的棒球队赢得了马萨诸塞州牛顿市少年棒球联赛 11 岁男孩组的冠军。

准则 4
用日常生活中的例子作类比，理解现实世界的复杂

在结构方面，两国之间的谈判可能会和夫妻之间、父母和子女之间的简单谈判十分相似，从简单谈判出发也会更好入手。理查德就常拿自己和装修公司的谈判举例，来说明伊朗核问题之类的复杂谈判。正如哈佛大学肯尼迪学院博士生、理查德多年的同事爱丽丝·希思（Alice Heath）所说："重大政策问题与我们日常生活中的'小'问题在结构上往往十分相似，区别只在于受众不同。**有了与研究问题相似的日常例子作类比，我们将能够真正理解问题的本质，将直觉应用到更大的问题上。**"

我们选择的类比物可能取材于日常生活，也可能是由于其他原因而令人难忘的特殊情况。例如，想象你正要用水桶运送 100 件相同的物品逐个通过尼亚加拉瀑布。有两种类型的水桶，第一种已经使用了 100 次，其中 70 次获得了成功；第二种用过 2 次，只成功了 1 次。你会怎么选择？这是理查德给他的学生和同事们出的经典难题。在阅读下一段文字的答案讲解之前，请先停下来思考一下这个问题。

在缺乏其他信息及约束条件的情况下，你应该多使用几次第二种水桶，更好地认识它的整体成功率。对于第一种水桶，你已经确信它的成功率接近 70%；而第二种水桶则充满高度不确定性，因为你只用过它 2 次。所以你应该再多用几次第二种水桶，积攒更多的证据，然后要么得出成功率低于 70% 的结论（这种情况下，你将转而使用第一种水桶），要么得出成功率高于 70% 的结论（这种情况下，你应该继续使用第二种水桶）。

玛丽莲·卡蒂永（Maryaline Catillon）在现实生活中遇到了这个难题。“当我在熟悉的事情（可能是项目、想法、产品、组织、餐馆）之间做选择时，我的脑海中总会浮现出在尼亚加拉瀑布上用水桶运送物品的场景。在预期成功概率相同的情况下，不确定性越大，我就越应该去尝试新的水桶。而实验的最优长度，则取决于是旧产品还是新产品做得更好。即使新产品看起来较差，我也应该多做几次实验，因为我随时可以切换回旧产品。但是，如果错误地认为旧产品更好，永远不去尝试新产品，我将永远无法对其有所了解。这种情况下，要是旧产品并不好用，我也无路可退。”玛丽莲的这种思考无疑是受到了她在药品实验方面工作经历的启发。

玛丽莲继续说道：“从项目经理、研究人员等投资组合管理人员的角度来看，尼亚加拉瀑布的类比也有非常重要的含义。在做决定时，比如是否决定在一个项目上投入时间和精力，要考虑到它的选择价值。具有更多不确定结果的项目可能更有趣，有更大的影响力。成为探索某个领域（无论是研究课题还是商业理念）的第一人，可能更有意思，也比研究热门领域更容易出成果。不确定性高的项目可能会带来更高的收益。”[16]

乔纳森·博尔克（Jonathan Borck）在职业生涯中有效运用了这种类比方法。他的第一份工作是经济顾问，经常需要与语言不通的律师和法官沟通，第二份工作则是在肯尼迪学院教学生。“在经济顾问和统计学讲师的工作中，我发现用人们熟悉的政治民调的例子来说明复杂的统计问题十分有价值，毕竟很多人（至少在我的社交圈和职场圈里）都对民调很了解。例如，当试图解释抽样误差的概念时，比如对抵押贷款进行抽样以评估抵押贷款支持证券的表现时，我会将其类比为总统大选民调的内在不确定性。”

在试图向非技术人员阐明技术思想时，类比也十分有说服力。例如，假设你想要衡量小额信贷项目对某个社区的扶贫成效，你可以观察小额信贷项目参与者的贫困率在项目结束后是否发生了变化。如果贫困率下降了，你就可以得出结论，这个项目是有效的；反之则不然。但这个方法有其弊端，因为很多其他因素都可能导致参与者的贫困率下降。例如，可能是项目实施期间天气特别好，参与者能够种植更多的农作物，相应赚取更多的收入。经济的总体状况发展向好也可能带来这个结果。

所以我们该如何衡量项目的有效性呢？理想情况下，我们会比较参与者在项目结束后的表现和没有参与项目的表现。后者被称为反事实情景（在没有参与该项目的情况下会发生什么），但并不能被实际观测到。在实践中，研究人员通过将参加小额信贷项目的一组人与另一组除了没有参加项目其他各方面完全相同的人作比较，来模拟反事实情景。后一组通常也被称为对照组。

因此，要想评估小额信贷项目或许多其他干预措施的影响，关键在于建立与实验组真正可对比的对照组。一个简单的类比是将苹果与苹果作比较。在对政策制定者开展评估社会项目的培训时，我会用幻灯片向学员展示两组相同的苹果，这种类比我用过不下百次。出人意料的是，如此简单的图像却极有效地帮助学员巩固了对抽象概念的学习。在整个培训过程中，当讨论一种评估方法是否可能得出可信的结果时，学员经常会提到这个类比。

回到小额信贷的例子，通过比较一组申请并参与项目的人和一组没有申请参与项目的人来评估该项目的影响并不十分恰当，因为这两组并不相同——人们是自己选择进入小额信贷群体的。我们无法判断这两组结果的差异是由于项目，还是由于他们本来就不同。这就像比较苹果和橘子一样。[17] 解决这种可比性问题的一种方法是进行随机对照实验，我们随机指定一些人接受干预，而另一些人则不接受。如果设计实施得当，随机对照实验可以确保比较对象是苹果与苹果这样同类的东西，从而实现对项目影响的可靠衡量。[18]

在本章的最后，理查德半个多世纪的同事和朋友、哈佛大学肯尼迪学院教员加里·奥伦提供了另一个例子，说明类比是如何帮助记忆的。

MAXIMS FOR THINKING ANALYTICALLY

美国志愿队和瑞士军刀

加里·奥伦

美国志愿队是一个由政府组建的国家服务系统，它覆盖了全美数百家非营利性组织，比如“城市之年”（City Year）、“为美国而教”（Teach for America）和“仁爱之家”(Habitat for Humanity)。它有着各州公立机构和民间组织等诸多合作伙伴，受到联邦政府、公司、基金会和个人捐助者的资金支持。其成员通常年龄在 17 ～ 24 岁，需要提供 1 ～ 2 年的全职服务，以满足提高学业成就、指导青年发展、对抗贫困问题和维护国家公园等关键社会需求，同时他们也会积极促进公民参与政治，发展自身领导力。

在 20 世纪 90 年代初，我和其他许多人一起帮助建立了美国志愿队计划。多年来，我一直是它的忠实拥趸。不幸的是，并不是每个人都像我一样喜欢美国志愿队。有些人，包括一些身居要职的人，他们不仅反对这个项目，还试图削减其资金，甚至关闭它。我曾在国会、公司董事会以及基金会官员面前为美国志愿队做辩护和宣传。

在论战中，我收集了充足的统计数据、叙述性范例和历史信息。为了进一步增强论点，我决定添加画龙点睛的一步：一个与美国志愿队的服务类似的日常活动。这种类比可以帮助我更好地理解和传达支持还是反对美国志愿队的复杂论据。它将会把美国志愿队简化为几个基本要素。它将通过把听众尚不了解的美国志愿队和他们熟悉的事物相比较，阐明这一项目的优缺点。我相信，类比会在听众脑海中形成生动的画面，使我的陈述更加通俗易懂、令人印象深刻。

我想要找出一个能反映美国志愿队主要特点的日常类比。在美国志愿队计划中，年轻人可以付出较少的代价，为他们的社区做很多有价值的事情。什么东西是这样的呢？我考虑了几种可能性，最终一篇文章引起了我的注意，文中说道："美国志愿队是美国的瑞士军刀。"和美国志愿队的项目一样，瑞士军刀在很多有价值的事情上做得相当好（不是最好，这种多功能刀的任何一项功能都比不上单独的某种工具，它并不是最好的螺丝刀、剪刀或刀），价格却很便宜。

在与立法机构、企业和基金会的领导人交谈时，我将这一类比纳入演说之中。几周后，我回到他们的办公室重新自我介绍说："几周前，我和你们谈过美国志愿队计划。"许多听众都会心一笑："哦，是的，我记得你，瑞士军刀。"隔壁的办公室里同样传来了"瑞士军刀"的声音。整个大厅里都回荡着一声声的"瑞士军刀"。

请注意，这个类比还涉及另一条关于分析思维的准则：可承受的让步。我们永远不应该只看到自己思维中的强项，而对链条中最薄弱的环节视而不见。在与他人沟通时，承认最薄弱的环节往往会很有说服力。让步传达出一种诚实和客观的态度，可以让我们说的话听起来更可信。

我虽然是美国志愿队的坚定支持者，却也意识到并敢于承认它有利有弊。事实上，许多年轻成员在日常服务中只是做得不错，就像瑞士军刀在很多有价值的事情上只是做得不错一样。坦白说，它并不是最好的螺丝刀、剪刀或刀。同样，美国志愿队中年轻的成员只有十七八岁，他们既不是受过教学培训的专业教师，也不是在社区修缮中心接受过培训的职业建筑工人。

我的结论是，我的让步是可承受的，主要有两个原因。首先，美国国家服务领域的专家和熟悉美国志愿队的人已经很清楚，美国志愿队的成员只是做得不错。即使我避而不谈，这种认知也不会从讨论中消失。其次，我不仅承认志愿队成员只做到了不错的程度，我还强调，他们有些事情做得特别好。他们为青少年学生树立了独特的榜样；他们积极投身于去完成建设美好世界的宏伟使命；他们为这项事业注入了不知疲倦的活力。

瑞士军刀的类比帮助我更好地理解了美国志愿队的优劣势，也更有效地将这种理解传达给了他人。

MAXIMS FOR THINKING ANALYTICALLY

第 2 章

理解不确定性的世界

这个世界充满了不确定性

本章的准则帮你更好地理解这个世界

它远比你翻开本书之前所认为的更加不可预见

我们所处的世界充满了不确定性，这在重大事件上表现得尤其突出，比如新冠疫情、“9·11”恐怖袭击以及乔治·弗洛伊德（George Floyd）之死在全美引发的警务改革尝试。对于个人来说，不确定性也同样无所不在，比如一场毫无征兆的疾病、一个从天而降的商机。我们有时会尝试在偶然事件发生之后去寻找一些蛛丝马迹来试图理解这些我们从未想过、更不可能预见的事件。这一章的准则旨在帮助你去更好地理解这个世界，它远比你翻开本书之前所认为的更加不可预见。

准则 5
这个世界远比你想象的更不确定

2016 年 11 月 9 日，唐纳德·特朗普当选美国总统。“无论你持何种政见，你在听到这个结果时有多惊讶？”我将这个问题抛给了哈佛大学的几百位学生，他们当中很多人表示自己感到“震惊”或“溢于言表的震惊”。虽然他们的回答存在多种解读的可能，但有一点不言而喻：这件事情的发生在他们的意料之外。[19] **准则 5 就是要提醒大家我们所认为的确定性或近似确定性是一种错觉，这个世界比大部分人想象的更不确定。**[20] 今后，当你认为某些事情注定发生或者注定不会发生时，请再回顾一下这条准则。

如果你并非相关领域的专家或科幻小说迷，那么新冠疫情的发生就是这个世界充满不确定性的最鲜活的残酷实例。2020 年初，有多少人能预料到你我的生活会被一场席卷全球的疫情所颠覆？玛丽－帕斯卡莱·格里蒙（Marie-Pascale Grimon）是哈佛大学肯尼迪学院的博士研究生，她是理查德的课程助教。在疫情开始几个月后，她说：“谁能在几个月前想到我们即将面临一场自 1918 年西班牙大流感以来最严峻的全球性疫情呢？我们习惯进行预测，并基于此做出决策，但我们需要意识到这个世界比你我想象的更加不确定。”

我们常常忘记这种不确定性，导致自己身处困境。这种情况在高层领导者的决策中也会出现。贾森·弗曼（Jason Furman）是肯尼迪学院的老师，他曾在奥巴马政府担任首席经济学家长达 8 年。他回顾在白宫的工作时说：“以前，最好的政治和立法顾问对于事件的走向只有两种概率上的判断：0 或者 1。一位顶级顾问会说，‘我在国会多年了，我可以告诉你，他们不可能通过这个法案’，然而几周之后法案顺利通过。或者他会说，‘我在华盛顿数十载，对于把这类条款附加到法案上从未失手’。结果几个月过去了，事情并没有如他预期那样发展。”

这条准则不仅适用于诸如总统选举或疫情暴发这样的全球性事件，也同样适用于你我的生活和工作。想一想你过去几年的经历，如果几年前人们问你这些事情发生的概率，你会给出什么样的回答？放到几年前，我猜测你能在其中找到至少一件事情，说，“这件事情不可能发生”。于我而言，如果你在 2004 年问我有多大概率会去西非的布基纳法索开展科研，我会说 0。我在拉丁美洲长大，之前长期居住在华盛顿特区，我所有的科研项目都在美国或拉丁美洲，因为我熟悉这些地方的环境和语言。然而在那之后不到 3 年，我就搭上了去布基纳法索首都瓦加杜古的飞机，在出发之前的一年我连这个城市的名字都闻所未闻。

理查德的合作者安娜·德雷贝·阿尔门贝里（Anna Dreber Almenberg）是斯德哥尔摩经济学院的经济学教授，她也有跟我类似的经历。她说 2008 年自己作为博士研究生在哈佛大学访问时，理查德告诉她如果想要研究狂热的冒险行为，桥牌可以（理查德非常擅长的桌游）提供绝佳的场景。在桥牌游戏中，玩家们需要进行几十次或明或暗的概率性判断。“我们在波士顿举行的 2008 年北美秋季桥牌锦标赛上采集了在桥牌比赛和其他领域中的冒险决策相关数据，为了将冒险决策数据与多巴胺受体基因的差异性进行关联，我们又采集了 DNA 样本。认识理查德之前，我从未想过自己会参加桥牌锦标赛。”但安娜不仅参加了桥牌锦标赛，还在若干年后和理查德及其他合作者共同发表了相关论文。[21]

当小概率事件发生时，比如黑马赢得了体育赛事，我们倾向于找出一些蛛丝马迹去解释它的发生。这种现象通常被称为“事后诸葛亮”，即我们高估自己对于已经发生的事件的预见能力。但如果我们考虑到每年都会发生很多事情，就能意识到其中至少有一些是小概率事件。比如每年都有很多锦标赛，因此某个体育赛事（比如网球、高尔夫、足球等）的结果出人意料也就不足为奇了。[22]

意识到这个世界充满不确定性可以改善我们的规划能力。理查德的合作者，来自波士顿大学的威廉·塞缪尔森（William Samuelson），为我们提供了一个历史佐证。[23] 1967 年 6 月，第三次中东战争（Arab-Israeli Six Day War）使得埃及关闭了苏伊士运河。石油公司纷纷寻求其他运输途径，比如额外租用油船。作为规划的一部分，某石油公司的管理团队要求其分析师们预测苏伊士运河重新通航的最可能日期。分析师们给出的估计是 1969 年 7 月，于是该公司按照此估计时段部署所有的石油运输计划。塞缪尔森回忆道："当那决定命运的日子到来的时候，这个公司额外租用的油船也到期了，市面上的租金高得出奇，而运河在短时间内恢复通航的可能性却微乎其微。"如果这个公司意识到苏伊士运河的重新通航包含不确定性，他们就不会将如此重大的决策完全依赖于一个估计的日期，导致他们的额外租约全部到期。[24]

理查德·克鲁姆霍尔茨（Richard Krumholz）的本科论文由理查德指导，他跟随导师学习了风险管理和保险的各种理念。里奇现在是一家大型连锁餐厅的管理合伙人。他将准则 5 作为他大学毕业后进行商业运营和投资的指导理念。"我们不知道未来会怎样，我们一生中很可能要经历一些概率微小却影响巨大的事件。在类似'9·11'恐怖袭击事件和新冠疫情这样的事情发生后，人们理性地指出，我们几乎不可能提前预见此类事件的发生。但是即便无法知晓何种具体的重大事件会发生，我们依然应该在个人生活、商业活动以及投资组合中做好准备，以应对这类极端事件。我们的天性会让我们将近期的情况投射到很远的未来，在一段时间的风平浪静之后认为一切都在预料之中。可是如果我们牢记世界比自己想象的更不确定，就能保持警醒，做到未雨绸缪。”

卡罗琳·库斯基（Carolyn Kousky）曾经师从理查德，现任宾夕法尼亚大学沃顿风险中心的执行主任。她主要研究飓风、森林大火、恐怖袭击等灾难性事件的风险管理。她在自己的工作中展示了践行准则 5 的益处。“通常在灾难发生后，我们有很强的动力实施新政策，以降低刚发生的这类灾难所带来的损失，可是新的灾难从来都不会完美复制之前的灾难。我们需要放宽视野，理解未来可能发生的事情的全貌，制定在各种情况下保持稳健和有效的政策。”很多人认为在“9·11”事件之后，美国政府的应对措施过多关注了如何避免飞机上发生的恐怖袭击，而没有充分关注其他类型的恐怖袭击。

虽然我们意识到这个世界充满不确定性，但对不确定性进行评估却极富挑战性。理查德从年鉴上随机选择了一些事件，在课堂上让学生们利用表 2-1 来估计这些事件发生的相关概率和可能区间。

大多数人对自己所做的大部分猜测，甚至所有猜测都所知寥寥。在这个练习中，我们不仅要提出最佳猜测，还要给出真实值可能落入的大概区间。通过这种方式，我们可以表达出不确定性的程度。

表 2-1　不确定性评估练习

	需要估算的数据	你的 1% 惊讶值①	你的最佳猜测	你的 99% 惊讶值
1	2020 年安道尔的每千人生育率			
2	从阿姆斯特丹到亚特兰大的航线的里程			
3	希拉里·克林顿在 2016 年的美国总统大选中获得的来自亚拉巴马州投票人的票数			
4	阿富汗的疆域面积			
5	2020 年美国全境的麦当劳餐厅数量			
6	2020 年阿尔及利亚的人口总数			
7	2020 年安哥拉新生儿出生时的预期寿命			
8	2017 年阿根廷的总出口额			
9	米奇·麦康奈尔在 2020 年的选举中赢得肯塔基州参议院席位获得的票数			
10	2020 年苹果公司的全球净销售额			

① “惊讶值”的释义见下文。

在继续阅读后面的内容之前，请尝试自己做这个练习。填写上面的表格，或者也可以在纸上写下数字（当然，请勿上网查询）。1% 惊讶值代表你认为相应数值可能的最低值，如果你做了 100 次这样的估计，真实值低于 1% 惊讶值的情况应该只有一次。同理，99% 惊讶值是你认为相应数值可能达到的最高值，在 100 次这样的估计中，真实值高于 99% 惊讶值的情况也应该只有一次。真实值超出惊讶值所构成区间的概率应该只有 2%（1% 的概率低于，1% 的概率高于）。

通过这一阶段的课程，学生知道了世界充满不确定性，他们倾向于低估自己的预测和信念中的不确定性。理查德正是想告诉学生，他们并未认识到自己对这些数值有多么不确定。为了鼓励学生做出合理猜测，理查德会给猜得最接近的学生发放奖品，通常是一本书。一名优秀的评估者理应万无一失，猜测值的区间较小。

然而，学生给出的区间往往过于狭窄，并不能涵盖真实值，这反映出他们对自己的认知过度自信。有一年，30% 的答案超出了学生们的 1% ～ 99% 惊讶值区间。请记住，如果学生正确地估计了不确定性，应该只有 2% 的答案落在区间外。由此可见，学生们对自己的认知非常自负。

表中问题的答案在本条准则末尾（见表 2-2），请在独立完成表格后再翻看答案。有多少真实值超出了你给出的区间（低于 1% 惊讶值或高于 99% 惊讶值）？如果不止一个，你可能低估了自身信念的不确定性，就像理查德的学生一样。事实上，世界上有许多人都会犯这样的错误。

随着估计概率的经验渐渐积累，我们低估不确定性的倾向也会降低，但绝不会完全消除。给学生们一组新问题再练习一次，他们惊讶的次数大约是原来的一半。贾森·弗曼认为，在认知不确定性方面，惯于用概率来思考问题的白宫经济学家通常比前文提到的立法顾问做得更好。他说，在预测近期就业数据时，经济学家们会强调不确定性，给出 90% 的置信区间（confidence interval）[①]。然而，"只有大约 75% 的时候，就业数据会落入 90% 的置信区间（所以即使是白宫经济学家也缺乏对不确定性的充分认知）"。

在一些工作中，不确定性极其重要，甚至是我们解决问题的关键所在。理查德在肯尼迪学院 40 多年的老同事、能源政策专家比尔·霍根（Bill Hogan）早在 1985 年就写道："依赖于准确油价预测的政策终将陷入困境……不确定性所涉极广，

① 统计学术语，90% 的置信区间表示在重复抽样的条件下，所计算的区间中包含参数真实值的比例是 90%。

可能是分析中最重要的特征。”

医学也充满了不确定性，而人们却常常视而不见。著名外科医生、作家和公共卫生领袖阿图·葛文德（Atul Gawande）①精准地阐明了这一点：“医学之所以让患者如此痛苦，让医生如此为难，让社会支付如此恼人的账单，其核心困境便在于不确定性。以现在对人、对疾病、对诊疗方法的所有了解，我们很难看清这种不确定性，甚至很难把握不确定的程度到底有多深。然而，作为一名医生，你会发现，与病魔的斗争往往更多地涉及你未知的领域，而非你的已知领域。医学的基本状态是不确定性。对医患双方而言，妥善地处理不确定性才是明智之举。”[25]

在考虑这些问题时，区分风险（risk）、不确定性（uncertainty）和无知（ignorance）是有帮助的（见图 2-1）。在已知概率和已知世界状态（states of the world）②的情况下，我们面临的是风险。例如，如果你在赌场玩轮盘赌，那么世界的状态

① 白宫健康政策顾问，影响奥巴马医改政策的关键人物。其代表性作品《清单革命》《最好的告别》《医生的修炼》《医生的精进》中文简体字版已由湛庐引进，分别由浙江教育出版社、浙江科学技术出版社出版。——编者注

② 在不确定的情况下，往往存在多种可能的结果，其中任何一种都有一定的概率可能实现。概率论中首先要列出所有的逻辑可能性，也被称为世界的基本状态或自然状态（states of nature），其实指的就是所有可能发生的情境（scenarios）。

（球降落的所有可能位置）是已知的，并且每种状态发生的概率（球降落在任何特定位置的可能性）也是已知的。正如理查德所写的那样："依赖骰子、纸牌和机械设备的赌场，以及拥有大量数据的保险公司，有充分的理由去考虑风险。但我们大多数人只有在愚蠢到去赌场闲逛或大量购买彩票时才会担心风险。"[26]

		世界状态	
		已知	未知
概率	已知	风险	/
	未知	不确定	无知

来源：理查德·泽克豪泽

图 2-1　对结果未知之情况的分类

当世界的可能状态已知，但这些状态发生的概率未知时，我们就面临着不确定性。[27]对大多数人来说，不确定性比风险更为常见。例如，当你试图决定采用哪种治疗方法时，你可能对每种治疗方法的可能状态（治愈与未治愈）了如指掌，却无法确定每种状态发生的概率，这要求你必须对这些概率做出有根据性的猜测。用理查德的话来说：**"不确定性才是我们经常面对的难题。"**

理查德也曾论及许多关于无知的内容，无知超越了风险和不确定性。在概率未知、世界状态也未知的情况下，我们是无知的，这是不确定性最极端的形式。在本章前面提到的例子中，许多事件发生的可能性极小，但还是可以设想到的。然而在我们的一生中，许多重大事件在发生之前难以想象。“9·11”事件就是无知的一个典型案例。飞机从未被视为一种可能的武器，却击垮了世界贸易中心，从而导致了普遍认为是不可能的结果。理查德说：“我认为，无知是一种重要的现象，其重要性可与不确定性相提并论，凌驾于风险之上。无知的重要性不仅体现在它的普遍性上，更体现在它所牵涉后果的严重性上。”

理查德对无知做过涉及许多领域的精彩研究，其中与德芙佳妮·罗伊（Devjani Roy）所做的研究最为不同凡响。德芙佳妮·罗伊是一位英语文学博士，曾在哈佛大学肯尼迪学院与理查德一起做博士后研究，目前在得克萨斯理工大学健康科学中心工作。在这项研究中，他们探讨了文学世界中的无知。

MAXIMS FOR THINKING ANALYTICALLY

文学中的无知

德芙佳妮·罗伊

2013 年夏天，理查德和我正在撰写研究无知的论文的初稿，我们讨论起了列夫·托尔斯泰的小说《安娜·卡列尼娜》。书中，安娜嫁给了德高望重但十分冷酷的阿列克谢·卡列宁，又与年轻的骑兵军官优伦斯基伯爵陷入了一场毁灭性的婚外情。就此，我们转而将婚姻作为一种决策情况展开讨论。具体而言，我们讨论了安娜的婚姻——她是如何在没有考虑两人这一辈子能否合得来的情况下，就与情感麻木、思想僵化的卡列宁结婚的？

理查德提到，婚姻是人生最重要的决定之一，也可能是对健康、幸福和物质财富影响最大的决定。然而，当我们做决定时，我们通常缺乏可用且显著的信息，以致无法做出可靠的决定。因此，婚姻是一种无知的状态。

“重大的惊人发展”（Consequential Amazing Developments，用理查德的话来说就是 CADs），是指对无知的决策者来说超乎意料的重要结果，比如安娜在莫斯科火车站偶遇优伦斯基，从而开启了托尔斯泰的小说。我不知道冲动鲁莽的安娜是否意识到无知在她生命中的重要性，但我们都应该有这个意识。其实，当步入婚姻殿堂时，我们不妨关注一下理查德对信息匮乏的思考，并将其延伸到生活中的其他重要领域。

即使理查德比我认识的任何人都更深刻地理解“这个世界远比你想象的更不确定”这条准则，他也会低估世界不确定的程度。理查德曾经的学生，现任俄亥俄州立大学教授的杰夫·别利茨基（Jeff Bielicki）尚能回忆起2004年秋天担任理查德的助教时与他的一次谈话。那时，备受绝大多数波士顿人（包括理查德在内）喜爱的棒球队——波士顿红袜队，在季后赛中表现出色。但随后他们在美国联盟冠军系列赛中两场都输给了宿敌纽约洋基队。“理查德深感红袜队进入世界职业棒球大赛的前景堪忧。我跟他说，我认为情况并不像他说的那么糟糕，毕竟红袜队许多球员的表现异常出色。不过，洋基队随后以19∶8击败红袜队（而且是在芬威球场），我期待的情况并没有出现。但红袜队还是扭转了局面：他们连胜四场，晋级世界大赛，并最终赢得冠军——打破了长达86年的贝比·鲁斯魔咒①。”[28]

① 指因美国职业棒球球员贝比·鲁斯（Babe Ruth）被红袜队卖给洋基队而诅咒红袜队无法再拿世界大赛冠军的事件。在1918年，红袜队的新老板，纽约人哈利·弗雷齐（Harry Frazee）以12.5万美元的天价，将红袜队历史上最伟大的强棒——绰号“圣婴”（Bambino）的贝比·鲁斯卖给死对头洋基队。波士顿人最喜爱的棒球英雄就此送于敌手，这让球迷们怒火中烧。据传，鲁斯临走前对那些不知内情的球迷怒喊道：“我从没想到要离开波士顿，但那些老板……不要把所有的责任都推到我身上，如果我要承担叛徒的名声，那么红袜队就要付出永远夺不了冠军的代价。”此后86年间，自创建之初就威震全美的红袜队一冠未夺。这就是美国体育史上著名的“贝比·鲁斯魔咒”，又称“圣婴诅咒”。

表 2-2　不确定性评估练习的答案[29]

	需要估算的数据	正确答案	这个正确答案处于你 1% ～ 99% 惊讶值区间之外吗
1	2020 年安道尔的每千人生育率	7/1 000	
2	从阿姆斯特丹到亚特兰大的航线的里程	7 082 千米	
3	希拉里 · 克林顿在 2016 年的美国总统大选中获得的来自亚拉巴马州投票人的票数	729 547 张	
4	阿富汗的疆域面积	652 230 平方千米	
5	2020 年美国全境的麦当劳餐厅数量	13 226 个	
6	2020 年阿尔及利亚的人口总数	42 972 878 人	
7	2020 年安哥拉新生儿出生时的预期寿命	61.3 年	
8	2017 年阿根廷的总出口额	584.5 亿美元	
9	米奇 · 麦康奈尔在 2020 年的选举中赢得肯塔基州参议院席位获得的票数	1 222 749 张	
10	2020 年苹果公司的全球净销售额	2 745.2 亿美元	

准则 6
从概率的角度思考世界

让我们回到唐纳德·特朗普 2016 年被选举为美国总统的那一天。当人们被问及为什么对大选结果感到震惊时，他们总是提及纳特·希尔弗（Nate Silver）建立的名为 FiveThirtyEight 的网站，这个网站以预测从政治选举到篮球比赛的各种事情而闻名，人们通过它的预测得出了希拉里·克林顿一定会赢得选举这一结论。

该网站确实预测希拉里·克林顿比唐纳德·特朗普更可能当选。但是该网站的最后一轮预测（在大选结果公布前夜发表）认为唐纳德·特朗普有 29% 的概率在大选中胜出。该网站基于几个因素推测结果具有较高的不确定性：在地图上展示各州选举人支持哪一位候选人的方式，许多人在选举前的几天还没有做出决定的事实，以及选举前几周的民意调查非常不稳定的事实。尽管特朗普有 29% 的当选概率仍然代表希拉里·克林顿是最有希望当选的，但是根据这一数据，特朗普的当选也存在明确的可能，人们不应该对他最终胜选感到惊讶。

然而，许多人对大选结果感到震惊，包括那些在选举前经常访问 FiveThirtyEight 官方网站的人。在波士顿一家经济咨询公司工作的乔纳森·博尔克是这些人中的一个，尽管他曾是理查德在大学任教时的助教，目前在哈佛大学肯尼迪学院教授统计学。“我被大选结果震惊了，但我本不应这样，尤其是考虑到我资深统计学家的身份。我再也不会忽略一个有 29% 的概率发生的事件了。”

这一切表象背后的根本原因是，他们要么不理解，要么不愿意努力去理解 29% 的概率到底有何种意义。从数学上讲，29% 的概率表示如果你要“实验”重复选举 100 次，那么你应该可以预见特朗普共有 29 次赢得选举。当然，选举只进行一次，因此这个概念会有一些抽象。在预测选举结果的过程中，纳特·希尔弗和他的团队进行了数千次的程序模拟，每一次模拟都会基于每一位候选人赢得特定的州以及其他统计假设而产生不同的结果。例如，在第一次模拟中，特朗普赢得了 34 个州，其中包含了关键的摇摆州密歇根州和威斯康星州，而在第二次模拟中，特朗普赢得了 31 个州，这一次密歇根州和威斯康星州都没有支持他。这样的模拟还有很多。对于每一次模拟，当选者都是由每一个候选人赢得的州和每个州的选举人票决定的。[30] 在大选前夜，FiveThirtyEight 团队在进行了 10 000 次模拟后，观察到特朗普大约在其中获得了 2 900 次胜利，这就是 29% 的统计数据来源。就像我的前同事兰特·普里切特（Lant Pritchett）当时说的："如果有 29% 的概率下雨，那么我就会带雨伞。"

需要注意的是，对于"29% 的概率赢得选举"的正确解读不同于民意调查显示 29% 的人计划投票给特朗普。虽然民意调查存在相当大的不确定性，但如果抽样抽到的选民只有 29% 表示他们会给特朗普投票，那么特朗普的选举获胜概率极小，远小于 0.1%。即使民意调查非常不精确，比如将特朗普的胜选概率低估了 10%，特朗普的胜选概率实际上仍接近于 0。

"29% 的概率"是主观概率的一个例子。这意味着这种概率建立在判断之上，并且不能用像我们计算随机从一副牌中抽到 A、K、Q 或 J 并且不抽到黑桃 A 的概率那样客观的计算方式获得。[31] 主观概率是评估一系列现实世界事件（例如，明年的 6 月 30 日每 1 加仑[①] 石油的价格有 60% 的概率高于 50 美元）时唯一可用的工具。这些方法也被用于估计个人事务、信仰和一次性事件。举例说，你可能认为自己明年升职的概率是 30%。在最重要的不确定情境下做出有效的决策需要运用主观概率的评估方式。[32]

---

① 1 英加仑≈4.546 升，1 美加仑≈3.785 升。——编者注

从概率的角度思考世界包括 3 个相互独立的元素（见图 2-2）：

- 理解这些主观概率实际的含义是什么；
- 判定生活中许多事情（事件、信仰等）的概率来帮助我们更好地理解周围的世界，做出更好的决策；
- 当相关的新信息出现时，适当更新这些概率。

图 2-2　从概率的角度思考世界的三个相互独立的元素

第一个元素我们已经讲过了，接下来我们按顺序介绍其余两个元素。

判定概率

当我们注意到世界的不确定性并试图拥抱它的时候，我们意识到需要估算公共事件（例如某个特定候选人会赢得大选、某个特定医药公司会研发出成功的疫苗、美国政府会反制某国政府对其出口商品加征的关税等）和个人生活事件（例如下一趟公交会迟到、我会喜欢在旧金山的新工作等）的概率。估算这些概率会帮助我们做出更好的决策，我们会在下一章详细讨论。

判定事件概率的想法可能让你觉得不可能。理查德的许多学生、朋友和同事都持有这种想法。但在认真地思考和实践过之后，许多人认为这是理查德教授过的最有价值的一课。理查德认为，估算主观概率与打棒球或者学习长除法并无区别，因为人们都可以通过练习来获得提升。实际上，理查德鼓励他的合作者坚持在每天的日常情境里练习判定概率，比如估算劳尔准时到达的可能性，或者丽萨喜欢某部电影的概率。

埃琳·圣彼得（Erin St. Peter）曾是理查德的学生，现在是沃顿商学院房地产中心的分析研究员，她回忆有一次理查德邀请他的助教团队在午餐会上讨论研究想法。“当我们一行人接近餐厅收银台的时候，他将信用卡递给我并问‘你觉得如果你用这张卡去为我们付账，被收银员质疑卡上名字的概率有多大？’因为世界比我们想象的更加不确定，所以我知道这个概率不是0。又因为我的性别和持卡人并不相同，因此我认为这个概率会比一位男性持卡的概率高。我记得我回答了小于2%。最终我们没有被质疑就离开了。这样的例子让我想起所有那些你在日常生活中可以对概率好奇并且从概率的角度思考的机会。”

在预测个人行为的时候，校准主观概率特别具有挑战性，就像埃琳在收银台的例子中展现的那样。乔・纽豪斯（Joe Newhouse）是理查德本科起就相识、现在和他同为教员的同事。乔指出，在定约桥牌的比赛中就存在这样的挑战，实力强劲的玩家会持续推测概率来决定自己的最佳行动策略。“桥牌是需要通过预测其他玩家做什么、不做什么来进行推断以获胜的游戏。因此，理查德是曾经的全美桥牌冠军并不令人惊讶。”

律师维克托・帕奇（Victor Paci）是理查德的一家房地产私募股权公司的合伙人之一，是一位主观概率的爱好者，有数十年的经验。他指出，房地产交易的承销过程很需要通过概率去思考。“我们的经典房地产估价模型包括了一系列对于未来事件的底层假设，主要根据主观概率来做出这些假设。例如，我们可能考虑是否投资一家开发公司，一旦做出投资举动，新的机会就出现了，比如有机会购买开发商项目的股权。因为这种新机会出现的概率在决定初始投资的时候是完全基于猜测，所以我们考虑基本的承保和定价时就不该考虑这种机会带来的利益。然而，我们会不可避免地用主观概率去建模，然后在评估基础项目投资的吸引力时，将估算出来的新机会的价值考虑进去。”

你可能认为有一些事件的概率是可以估计的，比如谁可以赢得大选或者一个公司是否可以执行房地产交易的一部分，但是你也可能认为其他一些事件是无法估计的。许多国家的安全部门认为某些事件发生的概率无法量化，比如伊朗是否会在未来两年获得可运行的核武器，或者某个特定的领导人是否会在未来 3 年持续掌权。然而，理查德以前的学生、现任达特茅斯学院教员的杰弗里·弗里德曼（Jeffrey Friedman）与理查德合作发表了 6 篇关于概率推理在国家安全决策中所起作用的论文。他们的分析为量化估计做出了背书，反对应用原来在安全决策评估中作为支柱的口语化术语，比如“有可能”或“很有可能”这样的词。弗里德曼每年在军队和智库授课。“这些经历总是有益的，但我经常对许多实践家直言不讳地怀疑明显有用的思维方式感到印象深刻。”他认为理查德不仅帮助他看到了这种思维方式的用处，还帮助他体验到了这样思考的愉悦。“学会用概率的角度思考的关键不仅是理解这些努力在实践中产生的作用，更在于意识到这个过程也可以令人感到愉悦。这是理查德通过他的研究、教学和指导学生做出的最重要的贡献之一。”

估算概率也可以带来个人决策上的巨大回报。珍妮弗·勒纳（Jennifer Lerner）是哈佛大学心理学系和肯尼迪学院的教授，也是理查德论文的合作者。她和她丈夫用概率思考节省了婚礼开支。

从概率的角度思考个人决策

珍妮弗·勒纳

如果你去玛莎·斯图尔特（Martha Stewart）的网站查询婚礼策划（我不建议你这么做），她会用反问的方式说："如果婚礼策划是门精确的科学岂不是很好？"不幸的是，这个反问句不过是个诱饵。斯图尔特女士的网站显示，"当你需要预测有多少位宾客会参加婚礼的时候，几乎不可能精确估计出在邀请名单上的宾客会有多大的概率确认接受邀请"。[33]

1998 年 6 月，当我的现任丈夫布莱恩和我在策划婚礼的时候，我的母亲也持相同的观点，于是她相信每位受邀的人都会来参加婚礼，而我们就应该按这种情况来筹备，除非受邀人有明确的不参加婚礼的理由并且告知我们。

我丈夫和我并不认同这个观点。我们希望基于概率来筹备婚礼。我们查找了基于客人需要出行的距离而得出的平均出席率，然后将这些概率插入我们的出席算法中。我母亲非常忧心。对她来说，即使有些人不会特意告知不出席，我们预测一些人不会出席婚礼的行为也显得冷酷无情。在我有着犹太－意大利背景的家庭里，给人们提供食物是一件需要重视且十分神圣的事情，这种不过量准备食物，甚至不为所有受邀的人预备足量晚餐的想法，引发了家庭内的严重分歧。

我丈夫和我（那时是贫穷的博士生，需要节省每一分钱）没有争论，而是决定不再与其他人协商。只有我们两个和筹备酒席的人知道我们预估有些受邀人不会来参加婚礼。我很开心地告知大家，那是一场超级棒的婚礼。一些受邀人直到最后一刻也未能到场，而我们没有超额花销。

值得注意的是，估算主观概率不代表要忽视你的直觉。实际上它们可以帮助你形成本质上更丰富的、可以识别周围不确定性的世界观。波士顿大学教授、理查德的合作者及长期网球球友威廉·塞缪尔森，这样解释这一观点：“多年来在个人和工作生活中，经常有人告诉我他们如何做出重要的决策。在这个情景下，会有四五个经常出现的理由。通常他们的决策是基于自己的魄力或者经验。对此，我会提出理查德会问的经典问题：‘你的魄力／经验多大程度让你知道你会对自己的决策感到满意？’这经常会换来对方‘你想表达什么’的表情并且开启关于估算概率和做出决策的对话。”

用概率的方式思考通常会包括比较两个不同事件的概率，

然后决定最优前进路径的过程。理查德经常讲述关于风险和概率的有趣故事，下面一个故事来自理查德此前的学生、现在的合作者玛丽莲·卡蒂永。她回忆道："我和家人在美国国家公园里游览，那里不许开车，所以我们乘公交车游玩，有时候会下车走一段并野餐。有一次，我们一群人下了车去野餐。我们看到远处有一只熊在靠近，所以回到了公交站。公交车终于来了，有 10 个人在等待，但车上只有 6 个座位，我们是最后 4 个。售票员说：'很抱歉，车上没有足够的安全带给你们所有人。'你觉得我们死于公交车事故的概率有多大？死于被熊攻击的概率呢？"玛丽莲继续补充道，"理查德有时候会质疑像公交车司机一样思考的同事，或者是给公交车司机制定规则的人。当面对两种同时存在的风险时，我经常思考，哪一个是熊，哪一个是公交车。"

更新概率

从概率角度思考的第三个核心要素是更新概率的意愿以及面对新信息时及时的更新行为。用新信息来更新我们的概率评估的过程，有时候被称为贝叶斯更新，在各行各业很多方面都很有用。[34] 具体可以参考图 2-3。

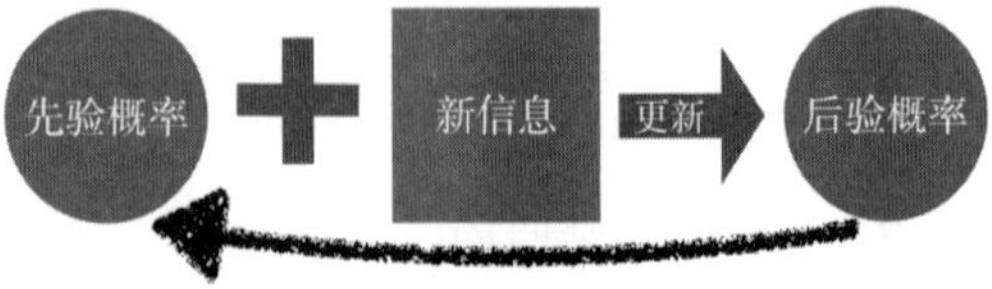

图 2-3 更新概率的过程

想象一下，今晚你最喜欢的职业篮球队要对战他们的死敌。根据他们本赛季以来的表现以及你关注的一些体育网站，你最初认为自己支持的球队今晚获胜的概率是 40%。决策理论学者称之为“先验概率”，或者简称为“先验”。开赛前两小时，你获知对手球队的明星球员意外受伤，今晚无法上场。因为对手球队在这位球星上场时的胜率远高于他不上场的情况，因此你将己方胜率调整到了 55%。决策理论学者称之为“后验概率”。如果你再次加入新信息并调整你的估计，那么这个“55%”又会成为先验概率。

比赛开始，你的主队在上半场结束领先了 6 分，或许你会把他们获胜的主观概率调整到 65%。又或许对手球队连续得分几次，你的主观概率跌回 55%。在整场比赛的进程中，你对获胜可能性的估计会一直随着场上的情况（或者更广义地讲，根据你收集到的信息）实时变化。如果此时整场比赛只剩最后 30 秒，即使你支持的球队只有 2 分领先，对手持球，你对支持的球队获胜的概率判断也会飙升到 80%。如果你觉得这听起来太学术了，可以去访问播报比赛进程中实时胜率的网站来理解这种变化。

贝叶斯更新

有一些信息远比其他信息更重要。再次考虑 2016 年的美国总统大选，想象你正在大选夜查看各个州的投票结果。我们以你认为特朗普有 29% 的概率胜选（和 FiveThirtyEight 网站的预测相同）为起始点。各州的选举结果开始逐渐公布。你很快发现，众所周知的摇摆州佛罗里达州宣布特朗普胜出。在那一刻，你应该将认为特朗普会胜选的概率判断提升到远高于 29% 的水平。这不仅是因为佛罗里达州的 29 张选举人票（占据胜选需要的 270 票中的 29 票）会全部投给特朗普，而且特朗普赢得佛罗里达州这件事使你提高了对特朗普赢下其他类似情况的州的估计概率。仅这一小段信息就可能让你评估特朗普胜选的主观概率上升到 40%。[35] 反过来，假设你知道特朗普丢掉了纽约州的支持，因为纽约州非常支持民主党并会为其投票，你从不认为特朗普有机会赢得那里，因此特朗普在纽约州的失利并没有提供任何有关他在其他州获胜概率的信息。佛罗里达州和纽约州的选举结果可能会被以相同的方式宣传，成为 CNN 的爆炸新闻，但是从帮助你更新关于特朗普胜选概率的评估的角度来说，佛罗里达州的结果更具有信息量，纽约州的结果几乎没有信息量。[36]

新冠疫情早期的情况为仔细评估新信息并决定多大程度上更新先验概率提供了有益的参考。有时候你会觉得新信息可能不准确或者你缺乏有效评估所需的专业知识，然而，如果你必须要在没有进一步信息的情况下做出决策，你就必须评估自己要在什么程度上调整你的先验概率。斯蒂芬·特劳特曼（Stefan Trautmann）很好地阐释了这一点，他是理查德的合作者、德国海德堡大学的行为金融学教授。

斯蒂芬建议，各国应该学会从其他实体做出的重大决定中举一反三。这样做代表了一项更普遍的决策原则：在更新概率估计时，重要的是采用所有可用的相关信息，包括来自他人决策的信息。[37]

有时候，询问他人对某一特定概率的评估，可以帮助你获得关于他人观点的有用信息，从而改进自己的评估。假设你想知道你的朋友或女儿对自己能否进入理想学校的评估。如果你问“你认为自己会被录取吗？”你会得到一个是或否的答案（也可能是“我不知道”）。但如果你问：“你认为自己有多大的概率会被录取？”你可能会获得更多的信息，并能和询问对象展开内容更丰富的交流。理查德的合作者之一、哈佛大学肯尼迪学院的前同事，圣母大学经济学教授马切伊·科托夫斯基（Maciej Kotowski）很好地阐释了这个观点。

MAXIMS FOR THINKING ANALYTICALLY

通过询问概率来获取信息

马切伊·科托夫斯基

我的办公室里有很多有趣的东西——五颜六色的凳子，一大盒乐高积木，还有一个比例怪异的挂钟。然而，大多数来访者的目光都会被夹在白板一角的 3 张 1 美元钞票所吸引。这些钞票不属于我，更准确地说，它们曾经属于我。现在，它们是理查德的，尽管有无数的机会，他却没有认领它们。

钞票的故事很简单，它揭示了用主观概率来指导行动是多么有用。我的大部分研究都涉及解决答案不确定的问题。偶尔，我们可以很幸运地将一个问题简化为或真或假的精确猜想或形式命题。但是接下来呢？我们可能花几天或几周的时间证明一个猜想是错的，或者寻找一个可能并不存在的反例，这很难说是对时间的有效利用。研究人员最自然的做法是根据“直觉”判断哪条路是正确的。也就是说，研究人员会基于对问题的理解，挑选出一条他们认为可以最快找到答案的路径。

通常情况下，主观概率仅仅来源于直觉。进一步的办法是征求专家的意见。人们可以问专家：“你认为这个定理是真的吗？”而后依据专家“是”或“否”的回答行事。我们可以通过小赌注的形式收集关于专家意见的更多信息。不过，专家会愿意下 1 美元的注，以 2：1 或 3：1 的赔率赌这个定理是真的吗？这样的赌注不是为了赚钱——金额太小，而是为获得更多信息而付出的小小代价，以进一步完善自己对问题的评估，并决定接下来要选择的路径。

这 3 美元代表了我在直觉方面输给理查德的次数。实际上，这是双赢：他赌对了几次，而我也验证了几个定理。

在专业领域，评估不同的行动方案成功的概率并更新这些概率，对有效决策至关重要。它可以帮助你选择投资、选择合作者、决定要从事哪些项目等，还可以帮助你决定放弃哪些项目，正如 Facebook 的研究科学家、理查德的合作者尼尔斯·沃纳费尔特（Nils Wernerfelt）的故事所说明的那样。

通过评估概率来决定保留哪些项目

尼尔斯·沃纳费尔特

多年前理查德有一个故事，当时一位年轻的研究人员来找他，就几个前景大好的初期项目向他征询反馈意见。理查德查看了材料并给出了反馈意见，研究人员做出了艰难的决定，将其中一些项目扼杀在摇篮中。我永远都会记得理查德当时的样子——他振臂高呼："那时候我就知道史蒂夫·莱维特（Steve Levitt）会成功！"[38]

正如这句话所暗示的那样，理查德强调这个故事的原因在于，知道何时终止项目至关重要。[39] 时间和精力是稀缺资源，这些因素与项目的性质无关——不仅仅是经济学论文。如果这些项目一开始很强大，我们也应该不断地从概率角度思考，并不断更新自己的预期价值。这是一项艰巨但不可或缺的技能。

这个故事令我印象深刻的原因则在于，确定高质量信号（即关于项目成功可能性的信息）的来源有多么重要。对于史蒂夫·莱维特来说，要更新他的评估并砍掉部分项目，他首先必须知道去哪里获取这些信号。这也是一项必不可少的技能。对于许多人而言，理查德一直是他们生活中一系列重要课题（研究课题、职业选择、找到剑桥的泰国餐厅等）的权威资源。我恳请这本书的读者不仅将他的准则牢记于心，更要找到自己生活中的理查德·泽克豪泽。从我个人的经验来看，如果找到这样一个人，那定将成为我们生命中重要的高光时刻。

大多数时候，决策者必须决定收集什么信息（通常需要付出一定的代价），以及何时不再等待更多信息而是采取行动。假设有一名学生同时被几所大学录取。她可以向正在这些大学就读的同高中的学长、学姐请教，或者去实地参访每一所备选大学。决定的重要性将会影响她在信息收集上的投入程度。她将在选定的大学里度过四年时光。一次实地调研所能获得的信息将会比三个电话要好得多。[40]这与她决定去哪里做暑期实习形成鲜明对比。在这个案例中，后一个决定就显得没那么重要，因此她可能不会前往每个潜在的备选学校做实地调研。

从概率的角度思考问题可能会很困难。正如宾夕法尼亚大学沃顿商学院荣誉退休教授、沃顿风险管理与决策程式研究中心联席主任霍华德·昆鲁斯（Howard Kunreuther）所说："我现在认为，即使人们理解概率论，在做决策时如何应用这些概念也是一项挑战，尤其是在处理极端事件（如自然灾害）时，当决定是否要使自己在未来免受损失的时候，很少有人会从概率的角度来思考。”

归根结底，**概率思维的起点是正确地认识到世界的高度不确定性。基于这种观点，合乎逻辑的做法是给各种可能发生的事件分配概率，而后在接收到新信息时实时更新。**这些更新的概率将被用来支持你做出更好的决策。理查德以前的学生、科技企业家克里斯·罗伯特（Chris Robert）在下面的专栏中对这种方法做出了精彩的总结。

MAXIMS FOR THINKING ANALYTICALLY

从概率角度思考问题

克里斯·罗伯特

上完理查德的课程，我对世界产生了根本性的全新认知，这是一种更准确、更强大的世界观，它强调以概率的视角看待世界。就像《黑客帝国》中的墨菲斯帮助尼奥一样，理查德帮助我看到了更深层次的现实，在这种现实中，一切发生的事情背后都有不确定性和概率分布作为原因。没有人能完全控制事情的结果——即便是我们自己的思想和行为的结果！但我们会尽己所能去影响概率分布。从哲学上讲，我可能认为世界是既定的，但在实践中，我不得不承认自己并不是无所不知、无所不能的超人。一切事物都是不确定的，我的思想、愿望和行动充其量只能通过影响概率分布间接地影响世界：接受这种认知给我带来了心灵上的平和，以及对周围世界更强有力的掌控感。

我能做些什么来控制事情的结果呢？这是个无效的问题。我能做些什么来影响概率呢？这才是真正有效的提问，对我的工作和生活都大有裨益。

准则 7
不确定性令人更倾向于维持现状

如果你长年累月用相同的信用卡、银行账户、健身房会员、汽车或牙膏品牌，但其实心里怀疑还有更佳之选，那么你就表现出了所谓的“现状偏差”。

“现状偏差”是理查德和合著者威廉·塞缪尔森在 1988 年发表的文章中创造的术语，这篇文章也是理查德被引用最多的学术论文。[41] 论文记录了一系列精彩的决策实验，结论是，即便存在易于评估且更为优越的替代方案，人们或多或少仍会选择无所作为，维持以前或当前的决定。

当时经济学的核心假设认为：人类是理性的决策者，始终会在各种选项之间做出客观的选择，以最大限度地提高他们的满意度。而现状偏差则对此提出了挑战。在论文中，理查德和威廉·塞缪尔森探讨了对这种偏差的各种可能解释。

一种可能的解释是，在给定的决策情境中，当备选方案的价值存在不确定性时，我们倾向于坚持最初或以前的选择，这可能与理性决策一致（尽管他们认为这不是唯一的，甚至不是主要的解释）。在一些相当微小的选择中，比如考虑使用哪个品牌的牙膏，大多数人最初喜欢一个品牌是因为父母或伴侣正在使用它，优质品牌中数它最便宜，自己喜欢它的味道，牙医推荐它或者其他一些原因。我们怀疑另一个品牌可能更适合自己，但并不确定是否真的如此。只要我们认为最初选择的品牌足够好，且评估是否改变的成本过高，那么维持现状就是理性的。“成大事者不拘小节”是对现状偏差的一种解释。

然而，即使替代方案远优于现有方案，评估成本也不高，不确定性也往往是现状的朋友，使人们更倾向于维持现状。这方面的典型事例发生在新冠疫情的早期。医院里的患者正在死亡线上，为了挽救生命，医生开始尝试当时未经证实有效的治疗方法。这些治疗方法能否把人救活，尚且存在相当大的不确定性。

确定治疗效果的黄金标准是进行随机对照实验，医学上也称临床试验。随机对照实验将患者随机分为治疗组和安慰剂组。随机对照实验的支持者主张，任何未经证实的治疗方法都应该等到实验结束后再采用。这就是在不确定的情况下固守现状的一种表现。

完成随机对照实验需要很长时间，与此同时，成千上万的患者正在走向死亡。法国一家医院的前院长、理查德的应届博士生玛丽莲·卡蒂永意识到，现状并不乐观，她与理查德合写了一篇文章，指出随机对照实验是获得定论的合适方式，但其缺点在于花费太多时间。[42] 他们认为，在等待随机对照实验结果的同时，科学家应该牺牲部分可靠性，开展速度更快的高质量观测研究，为治疗提供参考。[43] 尤其是在大量患者接受治疗的环境中，观测数据飞速积累，非常有利于这种研究的开展。总之，重要的是要认识到，不确定性可能会导致我们在做医疗决策时更倾向于安于现状。但当现状不再令人满意时，我们应该敏锐洞察，及时转变。

意识到现状偏差及其在不确定性情况下的倾向性，可以帮助你做出更好的个人和职业决策。理查德在哈佛大学肯尼迪学院的前同事、合著者哈耶迪·帕特尔（Jayendu Patel）说道："理查德和威廉·塞缪尔森一起用天才般的贡献帮助我们理解了由对不确定性的恐惧驱动的现状偏差。我看到不确定性导致了许多糟糕的决策，包括我自己决定何时换工作、何时走出失败的婚姻。20 世纪 90 年代初，我和同事们在肯尼迪学院的午餐会上，已故的理查德·诺伊施塔特（Richard Neustadt）说：'每 10 年改变一次你的职业重心'，我认为这句话正是应对'现状偏差'的智慧。"[44]

有趣的是，**人们可以利用现状偏差，通过设置一个对决策者有利的默认选项来帮助做出更好的选择。**行为经济学领域有很多使用默认选项及更普遍的选择架构来"助推"个人做出正确选择的例子。例如，通过默认设置使人们自动加入退休计划、捐赠器官，以及从可持续来源购买"绿色"能源。[45] 宾夕法尼亚大学名誉教授霍华德·昆鲁斯意识到了现状偏差在这一领域和他自己工作中的影响："使用默认选项是选择架构的关键原则，也是萨缪尔森和理查德许多实证论文的出发点。"

虽然理查德是行为经济学的忠实信徒，也是该领域的重要贡献者，但他坚信，对人们进行决策分析方面的培训，可以让他们更好地面对和对抗大量有据可查的偏差。从长远来看，这种方式比使用选择架构创造环境更为有效。用他的话来说就是，"授人以鱼不如授人以渔"。

不用说，现状偏差也可以用来引导人们做出错误的选择。还记得吗？你本来计划着去阅读、去健身房或者陪伴家人，在你离开沙发之前，甚至无须按遥控器，奈飞就已经开始连播下一集剧了，于是你漫无目的地刷了一整晚奈飞剧。如果你曾经这样做过，那么你就是现状偏差的受害者，奈飞精明的营销策略强化了你的这种偏差。

理查德的学生、合著者赫尔诺特·瓦格纳（Gernot Wagner）指出，在评估维持现状是否反映现状偏差时，需要运用判断力。一般来说，描述人类行为的准则适用于某些情况，但不适用于其他一些情况。“现状偏差就是一个典型的例子。它是无所作为的朋友，如果忽视它，你很可能陷入危险。但我们也应看到‘行动偏差’。通常，政治领导人只是希望让人们看到自己在干事，不论任何事——这就导致即使有时候无为是首选，他们也想要有所行动。”[46]

有时政府会选择维持现状偏差，这反映了他们对选民偏好的理解。理查德的合著者玛丽简·卢伊斯托·荣松（Marijane Luistro Jonsson）指出，各国政府对新冠疫情的反应大不相同。面对巨大的不确定性，大多数发达国家选择“实施强硬措施，推动封锁等严厉手段。在我居住过的瑞典，政府的做法则依赖于信息传播，让人们能够理解并为自己的决定负责”。2020年，瑞典是欧洲死亡人数最少的国家之一，其经济表现在整个欧洲也相对较好（尽管仍比北欧邻国差）。下一章的准则可能会帮助你评估瑞典的做法是否明智。

MAXIMS FOR THINKING ANALYTICALLY

第 3 章

在不确定性下做出明智决策

当你面临很大的不确定性却必须要
做出重要决策时
本章的准则可以帮助你做出明智之选
确定性并不是重大决策所必需的
祝你迈上更有效的决策之路

上一章为大家理解不确定性提供了指导。当结果不确定时，特别是当风险很高的时候，我们常常难以做出有效选择。许多人会如抓阄般胡乱做出一个选择；另一些人则陷入瘫痪状态，干脆不做选择，这本身就是一种糟糕的选择。当你面临很大的不确定性却必须要做出重要的决定时，本章的准则可以帮助你做出明智之选。你将认识到这样的事实，即确定性并不是重大决策所必需的，从而更加坚定前进的信心。请阅读下面的内容，迈上更有效的决策之路。

准则 8
好决策不一定会带来好结果

如果有人问，你在过去一年中做过的最好的决定是什么，你会怎么说？著有两本关于概率思维和决策的精彩作品的前扑克世界冠军、心理学家安妮·杜克（Annie Duke），曾向全球数百人提出了这个问题。绝大多数人回答的都是一个结果很好的决定。这表明，很多人将决策质量（我们用当时掌握的信息做出决策的过程有多棒）和结果质量（决策后发生的事情有多棒）混为一谈。这种现象非常普遍，扑克玩家们甚至有专门的术语来形容它：结果论。[47]

在哈佛大学肯尼迪学院的统计学课堂上，一个简单的图（见图 3-1）经常被用来帮助学生区分决策质量和结果质量。[48] 准则 8 针对的是一个具体案例的结果，它警示我们，要理解好的决策不一定会带来好的结果，否则我们可能会落入“你很不幸”的陷阱。

		结果质量	
		好	坏
决策质量	好	你决策得很好，做得也很好	你很不幸
	坏	你很幸运	你决策得不好，做得也不好

图 3-1　决策质量和结果质量

假设你和伙伴或室友开车去酒吧，你们都玩得很开心，但是你喝了很多酒，而你的伙伴只喝了无酒精的秀兰·邓波鸡尾酒。到回家的时候，你让你的伙伴——他的车技和你一样好——开车送你们俩回家。在回家的路上，一个醉酒的司机追尾了你的车。你和伙伴都平安无事，但你的车需要大修。

让你的伙伴开车送你们回家是很好的决定。根据当时掌握的信息，你的判断很合理，如果你开车而不是你的伙伴开车，发生车祸的可能性会更高。尽管结果并不理想，这依然是一个好决策。

这条准则适用的情况非常广泛。假设你买了一部新的苹果手机。购机时你需要决定是否同时购买意外保险。你评估了一下，作为那种使用手机非常小心的人，你出意外损坏手机或弄丢手机的可能性很低，保险的价格相对较高，所以没有购买。但三个月后，你去了趟杂货店，手机掉在地上摔坏了。

你可能会像大多数人一样，脑海中浮现出的第一个想法就是后悔你不买保险的决策。甚至，你可能会无比自责，认为不买保险是一项坏决策。[49] 但事实上，你得到了一个坏结果，并不意味着你的决策就是一项坏决策。你很少不小心摔东西，这次只不过是个意外。这条准则提醒我们，**判断决策的质量，要看你在做决策时知道什么，切忌做事后诸葛亮。**

假设你面临一个更重要的决定：你必须在旧金山的工作和洛杉矶的工作之间做出选择。对于自己能否和每个地方的同事融洽相处，在每个城市的生活会有多愉快，你都有一定的了解，但并不十分确定。你可以对这些结果的可能性做出明智的判断，但不知道最终会发生什么。如果你决定去旧金山最后却不喜欢它，这不一定意味着你做了一个糟糕的决定。

理查德以前的学生乔希·亚德利（Josh Yardley）回忆起在理查德的课堂上学到的这条准则如何影响他评估自己的决策时说："在上理查德的课之前，我对决策质量的评估与决策的结果密切相关，但这往往是无益的。这种评估的道理很简单：如果结果好，那一定是个好决策；如果结果不好，那一定是个坏决策。但这条准则说，'不要妄下断论'。每当我想依据决策的结果来给出我对决策的评价时，我就试着放慢自己的思考速度。在不知道结果之前，我该如何判断导致我做出那个决定的过程呢？然后，根据我现在所能观察到的结果，我该如何更新我的判断？关于决策过程的第一个问题训练了我的思维，对评估我最喜欢的运动队、我支持的候选人和我自己所做的决定非常有帮助。"

小到是否为你的手机买保险这样的个人决定，大到如何在危机时刻领导一个组织这样的重大决定，这条准则都适用。在危机时刻，可能所有的结果看起来都很糟糕。这种情况下，你将不得不在各种选项中做出选择，这些选项都将导致糟糕的结果和不可避免但不公平的指责。你要做的就是选择会导致最不坏的结果的那一个。

戴维·埃尔伍德（David Ellwood）在 2008 年金融危机期间担任哈佛大学肯尼迪学院院长时，就面临过这种选择所有糟糕结果中最好的选项的情况。任何削减预算的做法都将是痛苦的，而一系列的预算削减更是如此。他要解雇的人中没有一个会表示理解，很少有人会为他的选择鼓掌。“问题往往是没有好的结果，这迫使你在痛苦的道路间做出选择。更麻烦的是，最好的道路只有在事后不确定性消除了的时候才可知。而早在知道情况会在什么地方触底，或者会以多快的速度恢复之前，我们就必须决定在哪些领域削减开支，削减多少开支，包括让多少人停职或解雇多少人。”在下一条准则中，我们将再次讨论这种许多结果看起来都很糟糕的决定。

如果不能通过结果的好坏来判断决策的好坏，那我们该如何判断呢？**关键是要了解你在做出决策时拥有（或可能拥有）哪些信息，然后确定在给定这些信息的情况下，你是否选择了一条能使你的决策的预期价值最大化的路径。**这样做的正式流程是绘制决策树，树上的节点代表选择和随机事件、与每个随机事件相关的概率以及与决策树的每个分支相关的结果。当然，就像投掷硬币或抽卡那样，概率无法被很好地定义。对于你摔坏手机或爱上旧金山的可能性，我们只能给出主观评估。这是导致决策困难的主要原因。但是，不认真考虑概率，甚至完全忽略概率，只会导致糟糕的决策。

虽然对决策树的展开讨论超出了本书的范畴，但它背后的逻辑很简单：**面临决策时，想想你拥有的选择；对于每一个选择，再想想此刻每一种不确定的情景会导致什么样的结果。**[50]

我们用简单的决策树例子（见图 3-2）来分析一下是否给你的手机买保险的决策过程。请注意，对于你面临的两种选择（买或不买保险），你可能面临两种情况（手机是否损坏），每种情况都有不同的后果，这取决于你的选择。然后，你可以计算出这两种情况的预期成本（标记为 EC）。在这个假设的例子中，购买保险的预期成本（102.50 美元）远远高于不购买保险的预期成本（42.50 美元）。因此，除非你极度厌恶风险，否则理性的决策就是不买保险。而根据这些假设的数值，如果你把手机摔坏了，你要花费 850 美元，这是一个糟糕的结果，但这并不意味着你所做的决定是一个糟糕的决定。

请注意，预期成本是指如果你多次做出这样的决定，比如说你要购买1 000部智能手机时，你所预期的平均成本是多少。你可能会提出异议，因为你只买了一部手机。然而，在你的一生中，你会做出成千上万个诸如此类的决定，所以思考在许多决定中平均而言会发生什么是有帮助的。

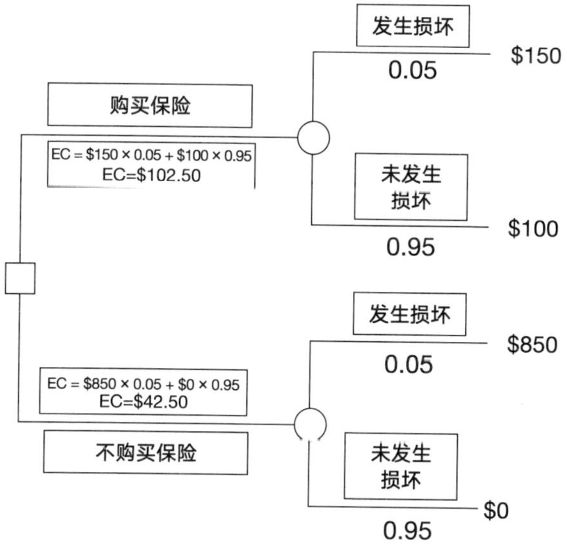

图 3-2 购买手机保险的简单决策树（可视化流程图）

决策树会将所涉及的选择和不确定性可视化，这意味着，即使你不能像手机的例子那样正式地得出决策树问题的解，它也可以提供信息和见解。[51] 此外，即使不画决策树，从其组成部分的角度来思考，也能经常推动你做出更优的决策。2008 年，时任肯尼迪学院院长的戴维·埃尔伍德就是这么做的。“我们试着做理查德会做的事情：我们研究了各种各样的情境，给每个情境分配了一个粗略的概率，考虑我们如何在这种情况下取得最好的结果，最后回过来看哪个决定可能给我们带来最好的结果。我们完全了解自己无法选中事后看来最完美的那条道路。具有讽刺意味的是，在行动真的很重要的时候，知道一个人不可能知道理想路线，其实会让我们更有勇气采取行动。” [52]

既然好决策有时会导致坏结果，为什么还要花时间去建立和执行好的决策流程呢？答案是，平均而言，好决策比坏决策更有可能产生好结果。它们不一定会产生好结果，但会提升好结果产生的概率。如果你始终采用良好的决策过程，你将在多次决策的过程中积累更好的结果。随着时间的推移，这会对你的生活质量产生巨大的影响。

诚然，好决策可能会导致坏结果，但我们不应就此因噎废食，断定糟糕的结果都是由正确的决定造成的。坏结果往往来自坏决策，特别是当我们冲动行事，仅凭一腔热血做出决定时。关键是要分别对决策质量与结果质量做出判断，问问自己，在做出决策的时候，根据自己掌握的信息，是否原本可以做得更好。举个例子，假设你不喜欢出门时被淋湿。有一天，天气预报说有 90% 的可能性会下雨，但你决定不带伞出门，结果大雨把你淋成了落汤鸡。除非你对打伞有什么抵触情绪，否则这就是错误决定导致的坏结果。即使最终没有下雨，带伞也依然会是正确的决定。[53]

知道好决策有时会导致坏结果，会让我们在坏结果发生时更能够理解自己和他人。芝加哥大学教授、城市公共卫生研究员哈罗德·波利亚克（Harold Pollack）很好地阐释了这一观点，他是理查德的合著者之一，也是他以前的学生。

MAXIMS FOR THINKING ANALYTICALLY

人性化的见解

哈罗德·波利亚克

由于理查德是一位不会感情用事的思想家，我们很容易忽视他人性化的一面。好的决策，或者至少是站得住脚的决策，有时会产生糟糕的结果。医生可能会通过省去（一般情况下）不必要的扫描来实践无懈可击的循证医学。在极少数情况下，他会遗漏重要的东西。出于极度谨慎的考虑，另一位医生可能会要求复检，这会导致进一步的干预，从而产生危害。一旦生命的彩票开奖，伤亡已成定局，我们很难对这种疏忽或“罪行”表示人性化的理解，但从业者理应得到理解。

2020 年 2 月 1 日，在读到医务总监杰尔姆·亚当斯（Jerome Adams）发布的一条不幸的推文时，我想到了这一点。推文说：“玫瑰是红色的。紫罗兰是蓝色的。[①] 感染新型冠状病毒的风险很低，但患流感的风险很高，所以赶紧接种流感疫苗吧！”

两个月后，美国陷入了致命的新冠疫情大暴发。从这个角度来看，医务总监的警告似乎充满了悲剧性的自满和错误。但从他编辑这条推文时的情况来看，他的告诫却显得很合理，也更常规。这位医生是在提醒人们关注重大的常见风险，而不要因为未发生的可怕问题杞人忧天。在当时的情境下，他的许多批评者很可能也会发出同样的推文。理查德提醒我们，适当的人性化的理解是有必要的。

这条准则的一个推论是，坏决策有时也会有好结果。理查德曾经的学生，现在在哈佛大学肯尼迪学院的同事凯塞利·洪

① 此句原文为“Roses are red. Violets are blue.”与后文“Risk is low for coronavirus. But high for the flu.”押韵。——编者注

（Kessely Hong）生动地阐释了这一点："2008 年金融危机之后，管理我丈夫退休计划的公司的代表给我们上了一节免费的财务咨询课。我们感到很惭愧，当时我们刚在 5 年内生了第三个孩子，完全筋疲力尽，没心思去调整退休计划投资，直接就选择了货币市场账户的默认选项。结果却很幸运，2008 年股市大幅下跌时，我们没有受到损失。财务代表和我们谈论了这个问题，他看着我们的眼睛说：'你们不是聪明，是幸运。'这让我想起了理查德的教诲。在那之后，财务代表建议我们在未来的退休计划选择中考虑多种投资组合，这样就可以期待长期增长的可能。"

伊丽莎白·利诺斯（Elizabeth Linos）曾是理查德的学生，现在是加州大学伯克利分校的教授。在她为希腊政府工作时，希腊总理做出了一项有争议的决定，随后就爆发了那场长达 10 年、震惊世界的金融危机。"每次回想起这段痛苦的往事，或者有人批评这项决定时，我都会告诉他们理查德的格言：'我们所能做的就是根据当时掌握的信息做出最好的决定。我们应该根据政治领导人所做的决定来判断他们，而不是根据结果本身。'时至今日我仍然相信，从概率上讲，那是正确的决定。"

曾与理查德在哈佛大学肯尼迪学院共事 30 多年的同事

罗布·斯塔温斯（Rob Stavins）对这条准则做了很好的总结："我在读报纸时感到最失望的一件事在于，有些人仅凭结果就或明或暗地对决策的质量做出判断，而不是根据当时可获得的信息。一个与之相关的问题是，政客们声称，经济情况改善、污染物排放减少或一些其他的真实变化，即意味着政策的成功。但我们其实并不应该拿事情从时间点 A 到时间点 B 的变化做比较，而应将事情在时间点 B 的情况，与该政策出台前的情况相对比。"

准则 9
一些决策很可能会导致坏结果

这是对前一条准则"好决策不一定会带来好结果"的延伸。就像戴维·埃尔伍德在本章前面描述的那样，**对于一些决策，你的大多数或所有的可能选择都会导致糟糕的结果。你对决策结果感到满意的概率很小，但分析决策仍然可以指导你在各种选择中做出最好的决定（或最不坏的决定）。**[54]

一些好决策确实可能导致糟糕的结果。假设你向一位才华横溢的密友的创业公司投资了 1 000 美元，这是很便宜的亲情价。你意识到这家公司有极高的概率，比如 90% 的可能会破产，但一旦成功，你的投资将价值 5 万美元。你投资是因为这张“彩票”非常有利可图，你可以承受 1 000 美元的损失。这个好决策产生坏结果的可能性是 90%。爱丽斯·希思是理查德在哈佛大学肯尼迪学院的学生，也是他现在的助教之一。在州立儿童福利机构工作时，她非常清楚地体会到了这条准则。这些机构的使命是防止儿童被虐待和忽视，它们面对的儿童和家庭往往处境极其艰难。不幸的是，儿童福利机构的领导层往往无法做出可以完全防止儿童被虐待或忽视的政策选择。“要想完全防止虐待或忽视，可能需要采取严厉的措施，这对任何人都没有好处。机构能做的最好的选择是，相对于其他选择更有可能产生较好结果的那一个。遗憾的是，即使做出了最好的决定，一些孩子仍然很有可能遭受虐待和忽视。我看到州议员和评论员们一次又一次地对这个现象表达不理解，把每一次悲剧事件都解读为决策的失败，而不是别无他法的结果。结果是，州儿童福利主任的任期往往很短，机构缺乏稳定的领导，只会让需要帮助的儿童和家庭的情况变得更糟。”

这条准则的另一个例证来自艾伯特·卡恩塞尔（Al Carnesale）。艾伯特是美国国家安全政策和决策树方面的专家，也是理查德的前同事，曾担任加州大学洛杉矶分校的校长、哈佛大学教务长和肯尼迪学院的院长。整个冷战时期（在很大程度上直到今天），美国避免核战争的基本战略一直是“核威慑”。从本质上讲，美国保持了对核打击进行报复的能力，鉴于核反击的巨大破坏性，没有国家会对美发起核攻击。苏联，以及后来的俄罗斯，也选择了核威慑战略。

艾伯特观察到：“简言之，美国和苏联／俄罗斯政府都认为，避免核战争的最佳方式是保持数千枚核武器瞄准对方，其中许多处于一触即发的戒备状态。到目前为止，这一决定的结果是好的：双方之间没有发生核战争。但这是否意味着这个决定很好呢？不一定。这很可能是糟糕的决定，只是我们运气好罢了。”艾伯特指出，可能存在其他避免核战争的策略，它们产生不良结果的可能性较低，到现在仍然可以被启用。他告诫人们不要一味依赖好运。

任何认识理查德的人都知道，这条准则最著名的例证之一是他和妻子萨莉在 1995 年不得不做出的一项极具挑战性的医疗决定。那一年，萨莉确诊乳腺癌三期，癌细胞已经扩散到淋巴结。没有什么选择是值得考虑的，每一种都涉及痛苦的治疗和死亡的可能。

萨莉被告知她有 8 个阳性结节。医生告诉她，如果有 10 个以上阳性结节，她就有资格参加随机对照实验，其中一组会接受高剂量化疗联合骨髓移植治疗。为了扩大选择范围，理查德让医生重新清点了结节的情况。结果发现其实有 11 个，只是有些结节聚集在一起，很难计数。结节数目增加是个坏消息，但萨莉也因此可以参加实验了。

她的医生说："我们不喜欢做骨髓移植，因为它有 4% 的死亡率。"理查德和萨莉问："假设患者在治疗中幸存下来，骨髓移植对生存概率会有什么影响？"医生答说："我们不知道。这就是我们进行这项实验的原因。"那时候，实验结果还是保密的。在进一步向萨莉的医生询问，并广泛阅读医学文献、申请实验和咨询多家机构的肿瘤学家之后，理查德夫妇得出结论，预期的长期生存率可以提高 10% 以上。

他们从中了解到三件事。第一，哥伦比亚大学的一位专家根据有限的数据写了文章，其中的图表表明，骨髓移植的长期生存率可以更高，远超大多数研究中采用的 5 年死亡率阈值。第二，萨莉所在医院在这一领域的治疗死亡率为 0，而不是之前所说的 4% 的整体死亡率。第三，实验统计员的妹妹最近因乳腺癌接受了骨髓移植手术。考虑到所有这些信息，理查德夫妇决定申请参加实验。萨莉申请了，并被随机分配到骨髓移植治疗组。

治疗过程非常可怕，萨莉一度濒临死亡。20 年后，她的肿瘤医生说，治疗后很长一段时间才能看到疗效。25 年后，萨莉完全恢复了健康。她和理查德都意识到，他们是幸运的。他们当时并不能确信自己的决定是正确的，但他们知道自己基于当时掌握的零碎信息做出了正确的决定。[55]

理查德与众不同的部分原因在于，即使在个人生活中面对如此糟糕的选择，在很多熟悉这条准则的人会退守本能时，他仍然能够运用自己的分析能力做出更好的决定。正如他当时所想："我一生都在为这个决定而训练。"

准则 10
有所为的错误和不作为的错误应该被同等对待

1997 年 8 月，亚马逊公司开始出售股票之后不久，克里斯利用他有限的积蓄购买了 2 500 美元的亚马逊股票。到了 1998 年夏天，克里斯的亚马逊股票已经升值到 20 000 美元，这是丰厚的投资收益，但同时也是高风险的持有。与此同时，帕特在追踪了亚马逊股票的走向长达一年时间之后，正在考虑是否要购入价值 20 000 美元的股票。二人都在权衡这个决定，他们都认为这个时候继续持有亚马逊股票的风险极高（实际上，亚马逊直到 2003 年才开始盈利）。克里斯卖出了他持有的所有亚马逊股票，帕特则没有购买亚马逊的股票，选择了其他一些看起来风险更小的股票。

如果有人在 1998 年 8 月持有 20 000 美元的亚马逊股票，到 2021 年 5 月时它的市值会涨到 300 万美元，这远高于同时期任何一项其他股票投资的收益率。在这个例子中，克里斯犯了有所为的错误：他采取了行动，在 1998 年卖出了亚马逊股票，这是一个错误。而帕特的错误是不作为的错误：他没有及时采取行动在 1998 年购买亚马逊股票。如果二人在 1998 年持有亚马逊股票并且坚持至今，他们都会有更好的收益。

以上两种决定在结果上是等效的。帕特和克里斯在 1998 年投资了 20 000 美元的非亚马逊股票，失去了在接下来的 20 年间获取巨额收益的机会。但他们的感受截然不同：克里斯卖掉了股票，他常因想到自己当初的愚蠢决定而想撞墙；而没有购买亚马逊股票的帕特几乎想不起此事。如果你和大多数人一样，你也会在处于克里斯的境地时更加懊恼。

一般来说，人们对有所为的错误赋予的权重会高于不作为的错误。这种倾向性被称为“不作为偏误”[56] 这似乎是人类的天性。理查德和许多学者认为，我们应该努力给这两种错误赋予相同的权重，使人们对它们产生同样的感受。直觉使得我们更在意有所为导致的错误，但这并不正确。正因如此，网球教练的职责就是告诉你要一直盯着球看，尽管直觉常让我们盯着对手。

不作为偏误产生的潜在原因是我们通常并不了解不作为会造成什么损失。比如你选择不去旧金山工作，你就不会知道这份工作会给你带来什么，也就不太可能感到懊恼（如果这份工作很好，而你错过了，那么这是一个不作为的错误）。相反，如果你真去了旧金山，但结果并不理想（这是有所为的错误），你很容易就能看见你的行动所带来的损失。[57] 很多研究专注于探讨不作为偏误是如何发生的，它们的具体内容已经超出了本书的讨论范畴。[58] 有些研究发现，有所为的错误在短期内会造成更多的懊恼，但是不作为的错误会带来长久的遗憾。[59]

理查德的学生陈映岚是位于新加坡的风险投资公司 Insignia Venture Partners 的创始合伙人。他以风险投资人的身份描述了人们对有所为的错误的过度关注对于他的影响："一场失败的交易对于整个基金的长远影响远远超过错失一场价值几十亿美元的交易。"

理查德认为美国和许多其他国家的政府应对新冠疫情的做法也体现了他们更看重有所为可能导致的错误。以疫苗分配为例，许多政府采取的措施是等到他们确信疫苗不会带来严重副作用时才采取行动。

这种谨慎的做法表明政府看重有所为的错误，他们担心一个仓促的决定可能导致意外的副作用。但是不迅速采取行动可能导致更大的危害，这就是不作为的错误：它使我们错失了避免造成大批本可预防的新冠感染和死亡的机会。[60]

回顾 25 年前理查德和萨莉所做的艰难医疗决定，他们都认识到，接受骨髓移植疗法的决定之所以具有挑战性是因为：如果萨莉在治疗中死亡，这就是有所为的错误。人们会在直觉上错误地认为这种错误比不作为的错误更加严重。他们二人充分交谈，也和医生进行了清晰、客观的讨论，这使得他们能够做出最佳选择，不再担心万一结果不如意而后悔。

在本条准则的最后，我们来聊聊杰弗里·弗兰克尔（Jeffrey Frankel）的想法。他是理查德在哈佛大学肯尼迪学院的同事，也是克林顿总统经济顾问委员会的成员。他仔细思考了他对于理查德准则的理解，阐述了忽视这条准则将对环境政策产生怎样的负面影响。

环境政策中的有所为和不作为

杰弗里·弗兰克尔

理查德的准则有益于矫正决策分析中的常见错误，而这些错误通常被包装成了不容置疑的常识。在医学领域广为流传的一句箴言让大多数人深信不疑：“首要原则：不要伤害他人。”这句基于希波克拉底誓言的名言似乎在告诉人们，“相对于有所为的错误来说，不作为的错误不值一提”。如果医生预测一场手术对生命垂危的患者来说有90%的成功率，但也有10%的可能性导致患者在手术中死亡，“不伤害”的字面意思是放弃手术，任由患者在不久的将来死去。理查德当然会说，从概率的角度来说，正确的做法是接受手术。

顺便说一句，有人将“不伤害”解释为避免外科医生仓促之中做出手术决定的三字箴言，我对这种观点没有任何异议。“不伤害”意味着可以采取保守疗法的一种推荐做法，以避免“手拿锤子，看什么都像钉子”的诱惑。

理查德的准则“有所为的错误和不作为的错误应该被同等对待”已经被运用在公共政策上，它也同样适用于环境政策领域。有些人，尤其是欧洲国家的有些人总体上对新技术和陌生技术存在恐惧心理。人们通常以“谨慎原则”的名义，要求新兴技术自证，但是他们对现有的技术并无此要求。理查德的准则提醒我们，应该将新技术的最大风险与现有技术的已知缺陷进行比较。

转基因技术就是一个实例。我曾经是克林顿总统经济顾问委员会的成员，这个政策问题在那时就引起了我的关注。一项全新的技术确实有可能带来未知的风险，它可能会带来伤害（即有所为的错误），但是我们同样没有理由去完全忽视现有技术的已知风险（即不作为的错误）。在转基因作物上，不作为的风险包括使用更多的杀虫剂以及贫穷国家可能出现的食物短缺。

准则 11
不要囿于眼前的选择

决策有时需要你拒绝眼前的选择去寻求其他可能性。哈佛大学商学院教授马克斯·巴泽曼（Max Bazerman）是理查德的同事，他说理查德的很多报告都影响过他，其中影响最大的是理查德提出的“胆固醇问题”：你的医生发现你体内胆固醇高达 220 mmol/L。她在众多可供选择的他汀类药物中给你推荐了一种，她告诉你这种药可以使胆固醇水平降低 10% 左右，但可能存在一定的副作用。两个月后你去复诊，发现胆固醇水平降到了 195 mmol/L，药物的唯一副作用是手心出汗，一周可能出现一到两次，每次持续一到两小时。医生问你是否可以接受这样的副作用，你说可以。她让你继续服用该药。这时你会怎么回答？

“我曾有过血脂水平异常，又研究过胆固醇相关问题，也不吝分享我的观点。当理查德抛出这个问题时，我公开回答说应该继续服用医生推荐的他汀类药物。理查德反问：‘为何不尝试其他的他汀类药物呢？’我马上意识到他的话很有道理，很可能存在其他疗效相同但不会造成手心出汗或其他任何副作用的药物。我在很多其他场合运用了他的洞见，并将这种想法写入了我的书《信息背后的信息》（*The Power of Noticing*）[①]。”

托尼·戈麦斯－伊巴涅斯（Tony Gomez-Ibañez）是我的同事，他常想起政策分析家们常用的一种说法：“让我看看你都有哪些选择，然后我来帮你做出决定。”这体现了保留更好的选择很重要。这种说法在胆固醇的例子中同样成立，马克斯对现有的选择是满意的，但他有可能找到更加满意的选项。

① 《信息背后的信息》一书中分析了阻挡你获知信息的 6 个屏障，探索并挑战了你的认知盲点。该书中文简体字版已由湛庐引进、由浙江人民出版社出版。——编者注

准则 12
能改变决策的信息才有价值

每年有成千上万的学生申请进入大学。在美国，申请者会被分批次告知是否被录取。有些学生很早就能得知心仪的大学是否已经对他们抛出橄榄枝。对于申请者来说，知晓保底学校是否已经录取他们并不会改变他们的决定，他们仍然会等待所有学校的录取决定都出来之后才做出最终选择，有时这会带来不必要的紧张和延迟。

爱丽丝·希思是理查德的学生和助教，她成功地将这一准则运用在她与美国政府打交道的工作中。人们常要求他人给出一些额外的分析，理由是“这些分析很有趣”。她说道：“在我们汇报某个项目时，有政府官员会要求看家访项目的客户年龄分布，或者项目员工拨出电话的统计情况。我们经常会问对方‘这个信息具体会改变我们的什么决定呢？’如果对方无法回答，我们就认为搜集这类信息的性价比不高，并回绝这个要求。”[61]

克雷格·怀特（Craig White）担任理查德的助教长达 4 年

时间，他现在是波士顿一家创业公司的经理，他在妻子被测出新冠病毒阳性时运用了这条准则。“我的家人坚持认为家里每个人都应该测一遍。我直观上认为无论结果如何，我们的行为不会有变化，全家都需要隔离 14 天。由于测试不会提供任何有用信息，我不想浪费这些试剂，于是我决定不测。说实话，家里面没人理我，最终只有我自己没做检测！”克雷格的博士论文就是探讨将决策理论应用于医疗问题的，他的家人本该听取他的建议。

理查德常跟大家分享他母亲多年前的就医经历来论证这条准则。他的母亲从外地来探望他和妻子。某天凌晨 3 点，她把理查德叫醒：“你得带我去医院，我现在痛得厉害。”到了医院，医生说：“你的母亲膀胱感染，我给她开一些抗生素，她应该会感觉好一些。”两天之后，医生打来电话说：“你母亲的化验结果出来了，阴性，这意味着她不是膀胱感染。你马上带她来医院。”

他们赶到医院，医生给他的母亲进行了身体检查，又做了一些化验项目。到下午 5 点左右，一些结果已经出来了，医生说：“我认为你母亲可能是阑尾炎或肿瘤，但是她的白细胞水平又比典型的阑尾炎患者低；我们检查了她的腹部，看起来也不像是肿瘤。我希望能让她留院观察到明天。我们会随时查看她的状况，这样我们就能知道更多。”理查德问：“我猜不管是哪种情况都需要动手术对吗？”“是的。”“那就现在开始手术吧，把两套手术器材都准备好如何？”[62]

医生当晚就进行了手术。手术中发现他母亲的阑尾已经破裂，发展成了腹膜炎（腹部感染），再等一天会非常危险。那位任职于哈佛大学医学院的约 50 岁的医生说，之前从来没人教过他，“如果有些信息不会影响你的决定，就不要等这些信息”。

MAXIMS FOR THINKING ANALYTICALLY

第 4 章

理解世界，更好地制定政策

本章的准则可以用来指导政策制定
也可以帮助你更好地评估此类决策
有助于你更好地理解这个社会

上一章的内容为每个人在面对充满不确定性的世界时如何决策提供了指导。这一章的准则主要用来指导政策制定，它通常涉及决策者，包括政府官员、非营利性组织的领导者或者某个群体的领导者。在进行此类决策时，他们要如何判断什么是可靠的依据，如何去评估这些依据？即使你不肩负制定政策的责任，这一章的准则依然可以帮助你更好地评估他人所做的此类决策。从更深的层次来说，这些准则有助于你更好地理解这个世界，更加明晰哪些举措有益于社会。

准则 13
长除法是政策分析中最重要的工具

这条准则阐明了一个简单但很关键的道理：在任何领域进行政策评估时，你应该首先确定这项政策想要达到的目标是什么，它需要的资源有哪些。将这些都列清楚之后，你就应该运用长除法，计算出单位投入所能获得的产出。假设你负责管理某个州的疫苗接种点，并给它们分配资源。每个疫苗接种点一天的开销是 5 万美元，能够接种 1 000 剂疫苗。由此你可以算出每剂疫苗的接种成本是 50 美元。如果你想要知道这件事情是否值得，如上信息非常重要。你愿意花费 50 美元来打疫苗吗？或者，你可以从单位投入所获得的产出的角度去考虑，比如每投入 1 000 美元的成本能获得多少产出。在这个例子中，1 000 美元的成本获得的产出是接种 20 剂疫苗。

真实世界当然比上面这个例子复杂很多，但是比较投入和产出，即经济学家所谓的性价比分析，在进行政策评估时依然非常重要。让我们回到疫苗的例子。假如你负责管理很多个疫苗接种点，而你的总预算是固定的，这时你应该如何决定开设哪些疫苗接种点？如果每一剂疫苗价值相等，你应该优先考虑每 1 000 美元投入可以接种最多剂疫苗的站点，然后再选产出排序在第二位的，以此类推，直到你用完所有预算。

正确选择产出指标很关键。这需要你仔细思考政策想要达到的目标是什么。在疫苗的例子中，我们的目标并非接种更多剂疫苗，而是要预防感染可能导致的重症和死亡病例。疾病对不同人群的影响各不相同，比如养老院的老人们和西班牙裔社区的居民，他们居住的场所比一般社区更拥挤，而他们还更有可能是需要到工作场所工作的人员。为这些群体优先接种疫苗可以预防出现更多的重症和死亡病例。

做到以上这些并不容易，但是这并不意味着我们可以忽视成本收益分析的重要性。你在践行这条准则时还会面临其他的挑战，理查德给我们提供了一个实例。

在更加复杂的情形中使用长除法

理查德·泽克豪泽

通常我们的投入并不是金钱，或者说金钱只是次要的投入。比如我们现在决定将一片约 2 万平方米的地方建成公园。我们可以选择建沙壶球场、足球场、网球场等。如果目标是将参与者的娱乐时间最大化，你可以找个专家来估算对于每一种运动，1 000 平方英尺[①]的场地面积平均每天可以转化为多少小时的娱乐时间。然后从每 1 000 平方英尺产出娱乐时间最多的运动开始从多到

① 1 平方英尺约为 0.09 平方米。——编者注

少排序。[63]

当然，每 1 美元投入的产出并不恒定。对于大部分活动，我们预计随着支出的增加，它的额外收益会缩减。这种现象也被称为边际效应递减——这里的“边际”是指投入的最后 1 美元。举例来说，一个诊所雇用的第 3 位护士所带来的健康收益很可能比其雇用的第 11 位护士所带来的健康收益更高。假如你开办的诊所能开展一系列业务，比如疫苗接种、儿童体检、成年人体检等，衡量诊所产出的变量是“质量调整生命年”。[64] 如果你在第一项业务中投入 10 万美元，第二项业务投入 20 万美元，第三项业务投入 15 万美元，第一项业务的边际收益是 10 年的质量调整生命年，第二项业务的边际收益是 8 年的质量调整生命年，第三项业务的边际收益是 11 年的质量调整生命年，这时你该如何投资？你应该缩减第二项业务的开支、扩大第三项业务的开支、调整第一项业务的开支，以此来提高总体的质量调整生命年。我们最终可以达到一个最佳配置，比如使得每项业务的每 1 万美元投入的产出达到 9.7 年的质量调整生命年。为了达到这一目标，我们需要使用长除法来决定最后一万美元可以带来的质量调整生命年是多少。

我们经常需要去评估一个不可分割的项目，比如建造桥梁或者在快速公交系统中增加拓展项目。人们常把拓展快速公交的重要性挂在嘴边，这条准则告诉你口说无凭，我们需要使用长除法来评估你的投入可以获得多少产出。假设拓展的部分每年需要花费 10 亿美元来维持运营（这个费用包括债券利息、人员薪酬、系统的常规维护等），而这项拓展项目每年可以帮助乘客节省 5 亿分钟。由此我们可以计算得出每节省一分钟的时间，花费是 2 美元。有了这个数据后，我们可能会认为这个快速公交系统的拓展项目实际上并不值得，因为人们对时间的估值并没有达到每小时 120 美元。[65]

常用的产出除以金钱或时间投入的评估方法只是帮助我们清晰地思考的一种途径。即便这些数字很难计算，粗略估算出来的投入产出比也能告诉我们某项投资是否处于合理的范围内。

当然，如果算出来的性价比很高，我们甚至可以考虑在其他地方也进行同类投资；如果性价比低，我们则需要考虑是否放弃。

一个极端的例子是，拯救一条生命比获得一小时额外审美享受的价值更高。因此，在公司放置除颤机的优先级要高于在楼道里放一幅同等价格的绘画作品，虽然前者可能 10 年才能用上一次，而后者在 10 年间会被欣赏 2 000 次。

简而言之，准则 13 需要你计算出不同决策所对应的单位投入的产出，并对它们排序。你应该优先选择产出排序靠前的决策，直到产出低于投入，或者你已经没有更多资源可以投入。理查德的学生埃琳·圣彼得现在就职于沃顿商学院的风险研究中心和房地产系，担任研究分析师。她读研究生时在暑期科研活动中发现，这条准则可以在实践中被迅速应用。她与州政府以及运输部的人员合作，研究降低交通事故死亡率的不同策略。一系列可能的项目正在考虑中或是正在进行中，比如改置路标、增设减速带、加强警力、不清醒驾驶干预，以及让她觉得最奇怪的一个百万美元量级的项目：在高速路上设置逆行探测系统。

“由于逆行引发的交通事故死亡只占全美交通事故死亡案件中的 1%，但这却是该州在当时的首要任务。很多逆行事故的起因是司机在驾驶中存在不清醒驾驶的情况，所以更通用的针对不清醒驾驶进行干预的措施也有助于减少逆行导致的死亡。性价比分析最核心的技术——长除法，是我在评估不同的干预措施时最重要的分析框架。我通过每 1 美元投入所能降低的死亡数来比较不同的干预措施。”

塔兰·拉古拉曼（Taran Raghuram）是理查德在哈佛大学肯尼迪学院的学生，他也是理查德的课程助教。他在给公立学校的学区提供咨询时见证了理查德的准则是如何发挥作用的。

MAXIMS FOR THINKING ANALYTICALLY

公立教育中的长除法

塔兰·拉古拉曼

在公立教育领域工作时，长除法是我们日常使用的最有用的工具。在我与学区负责人对话时，比起复杂的统计分析和模型，简单的比例所传达的意义更丰富，交流也更有效。

无论是进行资源（比如师生比）还是不同策略之间绩效（比如投资回报比）的比较，精心设计的长除法都可以提供简单可比的数据。我们曾经用过的指标是每位行政官员对接几位校长。这个简单的数字包含了丰富的信息，因为它可以在不同学区之间进行比较，并且基于此传达清晰的信息：如果一个学区中平均一位行政官员要听取 40 位校长汇报工作，而另一个学区中一位行政官员只需要听取 10 位校长汇报工作，那后面这个学区的行政官员很可能更了解该学区学校的情况。

在公共机构工作的最聪明的那群人深谙此准则的要义。他们也许从来没学过凸优化算法，也没学过几何拓扑，但他们擅长在任何情境下寻找到简单且有效的指标。对于满怀抱负的政策研究方面的学者来说，这也许是理查德的准则中最被低估的一条。

最后一个例子来自戴维·斯拉斯基（David Slusky）。他与塔兰以及理查德一起分析了新冠疫情的死亡率。从美国总人群的死亡人数来说，2020 年比 2019 年增长了 21%。他们又分别在三个年龄组中对 2020 年的超额死亡进行分析。“长除法显示这三个年龄组的情况有很大差异。在 75 岁以上人群中，2020 年 3 月～ 12 月的超额死亡中 79% 都是由新冠病毒引起的；在 45 ～ 75 岁的人群中，新冠病毒能解释 67% 的超额死亡；而在 45 岁以下的人群中，新冠病毒只能解释其中的 25%，而其他死因（交通事故、吸毒、谋杀、自杀）能解释 50%。”[66]

准则 14
弹性是理解重要事情的有力工具

弹性是经济学中的重要概念之一。一般来说，弹性是指当一个变量增加一个单位（通常是一个百分点）时，我们期待另外一个变量变化多少。最常用的弹性指标是需求价格弹性，它由伟大的英国经济学家阿尔弗雷德·马歇尔（Alfred Marshall）在 1890 年提出。需求价格弹性是指当其他因素保持不变时，价格上涨一个百分点，商品的需求会降低多少。冰激凌的需求价格弹性指数为 -2 意味着，当冰激凌价格升高一个百分点时，冰激凌的销量会降低两个百分点。

从广义上来说，弹性扎根于经济学的一个核心原则：从边际的角度来思考问题。经济学家们认为边际视角价值极高。[67] 以很多专业人士公开或私下里都不得不面对的一个问题的简化版本为例：你是更愿意工作、陪伴家人还是一个人做自己喜欢的事情？经济学家们认为这个问题不严谨，因为答案取决于一个人目前的工作时长、陪伴家人的时间以及做自己喜欢的事情的时间。如果你本来的工作时长短又急需用钱，你可能更希望多工作；如果你长时间投入工作很少陪伴家人，你很可能想要多陪陪家人。总之，要回答这个问题，你需要思考你最后一小时（边际）工作的价值。而且，多工作的这一小时可能并不会使你的收入有大幅的增长。[68] 这就是一个基于弹性的观察：如果多工作一个单位的时间带来的收入增长比较有限，那么这个幅度的收入增长对你来说可能价值不大。

当你做这个决定时，你需要考虑在当前的情况下（比如长时间的工作），你是愿意多花一小时去工作还是陪伴家人。边际视角的思考方式意味着精确地估计如下情况：额外的（即边际）一小时给你带来了什么价值？（巧合的是，在计算你的边际收益时，你所使用的正是长除法。）

玛丽－帕斯卡莱·格里蒙是哈佛大学肯尼迪学院的学生，也是理查德的助教，她就曾面临着进退两难的选择。“我发现自己和周围的人在做决定时通常都在考虑绝对收益而不是边际收益。再多工作 5 小时是否比多花 5 小时陪伴家人更值得呢？保住工作和拥有可观的收入当然是好事，但我们经常忘记问自己，花费额外时间所做的各种事情是否值得。”

伊丽丝·博内特（Iris Bohnet）教授是理查德在哈佛大学肯尼迪学院的同事，她的专长是行为经济学。她与理查德合作，将弹性的概念用到了信任相关的研究上。假设你的口袋有个洞，这导致你丢了 100 美元，你的感受如何？再想象一下，如果你是借给朋友 100 美元，他不辞而别，没有归还你这笔无息借款。你对这样的损失又会作何感想？

上述两种情况中，你都损失了 100 美元。但在第一种情况下，这个损失是由于你运气不佳；而在第二种情况下是由于你交友不慎。如果第二种情况让你更难过，你体会到的就是伊丽丝和理查德所提到的“背叛厌恶感”。这种厌恶感意味着人们在意导致结果的原因。具体来说，当损失的概率相同时，产生“背叛厌恶感”的人们宁愿这种损失是自然力量造成的偶然现象，而非他人行动的结果。也就是说，遭到背叛比运气差更糟糕。

伊丽丝和理查德设计了一种精妙的实验，来了解在遭到背叛的概率和代价发生变化时，人们的信任感是如何变化的。[69]

MAXIMS FOR THINKING ANALYTICALLY

背叛厌恶感和信任弹性

伊丽丝·博内特

在美国的初始实验结果启发我们去世界其他地方验证与背叛厌恶感有关的发现是否可靠。答案是它在其他地方也成立。中国、越南、沙特阿拉伯、土耳其、巴西以及瑞士的人们都表现出了背叛厌恶感，虽然在程度上与美国样本存在一定的差异。

这些发现对于制度的设计有着借鉴意义。我们一般认为司法系统可以在受害人蒙受不白之冤后通过补偿其物质损失来挽回其信任。但是如果人们内心存在背叛厌恶感，补偿受害人物质损失的做法就无法有效地重塑他们的信任感。比如，在很多合同条款中，被违约的一方将依据合同正常履约时应得的收益来获得相应的赔偿。一个人的背叛厌恶感越高，降低物质损失风险的制度就越无效，而降低背叛风险的制度越有效。

在这个观点的启发下，我们实施了卓有成效的项目。在很长一段时间里，理查德与他的博士生、博士后和我都在忙于这个项目。它使得我们更深入地探索了理查德很喜欢的另外一个概念——弹性。为了更好地描绘人们如何应对制度环境的变化，具体来说是背叛成本和背叛概率的变化，我们推出了“信任弹性”的概念，用于衡量人们在考虑到背叛成本和背叛概率的变化时，他们的信任水平如何变化。

我们随后将以上的研究发现拓展到学历教育和高管教育项目中，并接收到了政府方面的委托，让我们从背叛厌恶感的角度提供有关治理的思考，这种转化是肯尼迪学院的经典模式。

虽然理查德没有和我一同前往阿联酋，但作为助理教授，这次经历于我而言非常有趣。我得以与迪拜酋长、阿联酋总理谢赫·穆罕默德（Sheikh Mohammed）以及他的内阁一起在阿莱茵工作，它地处阿曼边境的绿洲地带。我教授他们有关决策、信任和谈判的内容，与他们共同讨论阿联酋合同法，并将它与瑞士的合同法进行比较，后者是一个大陆法系国家，强调“有约必守”（pacta sunt servanda）；我们也将其与美国的合同法进行了比较，在英美法系下，“效率违约”的概念描述了当合同的一方发现因违约支付赔偿比履约更具有吸引力时会选择违约的现象。

准则 15
利用好人群的异质性

高昂且不断上涨的医疗成本在过去 30 年间吸引了学界和政策研究领域的深度关注，这在美国尤其突出。根据美国医疗保险和医疗补助服务中心的信息，美国医保支出在 2019 年增长了 4.6%，达到 3.8 万亿美元，人均支出为 11 582 美元。医疗支出占美国 GDP 总额的 17.7%。[70]

很多研究尝试去解释为什么美国的医疗支出如此之高。这些研究想要揭露的重要事实是不同人群的医疗支出并不相同。换句话说，医疗支出的差异性很大。这些研究的重要发现是医疗花费在不同个体之间差异巨大，一般会随着年龄的增长而增长，同一年龄组内部的个体也有不同，即有些人在一生中的医疗花费要远高于其他人。

了解这种异质性的存在是设计出合理的医疗政策的关键因素。无差别对待所有人的政策不太可能降低总体医疗成本，比如通过增加保费来降低人们的非必要医疗支出。美国患有慢性病的人口比例较高，医疗支出的 86% 与慢性病有关。关注慢性病的政策会支持降低慢性病患病率以及提高慢性病支出的性价比的干预研究。[71] 与无差别对待所有人的政策相比，这项关注慢性病的政策更有前景。在 20 世纪 50 年代，急性病比慢性病更普遍时，这项政策就不那么有效。[72]

理查德曾经的博士研究生克里斯·祖克（Chris Zook）在 20 世纪 70 年代完成的毕业论文是有关医疗服务中的高消费人群的。他使用这条准则和数据展示了医疗支出较高的是那些患有特定慢性疾病的患者。克里斯提及了他从理查德那里学到的一条原则："平均行为"在人数众多的群体中很少呈现常态化。为了更好地理解群体行为，关键是基于你研究的现象识别出行为相似的同质小群体，然后你可以富有成效地分别研究每个小群体的行为。在此基础上，你可以再整合出大的群体来理解他们的行为。

克里斯后来成为贝恩资本的合伙人，也是一系列商业策略畅销书的作者。他认为异质化的视角"在众多研究中是理解商业策略中的微观经济学的核心要素。这些研究包括乐高玩具的复兴（乐高销量中相当大的一部分是由极少数沉迷性用户购买的，对这批客户进行单独分析非常重要）、租车公司的策略（同样，关键在于理解行为类似的租客群体，以便设计出优化汽车利用率的营销方案）。我想起了一个医疗供应商的医疗项目，那个项目旨在研究重症监护病房中的患者在静脉输液方面的巨大差异。只有当我们精确理解了每一个同质性的群体，再考虑一些超出预期的因素，才能揭示出这些到底是人群本身的差异，还是他们不同的医疗行为造成的。这类尝试理解和预测群体行为的难题不胜枚举，我在一生中见过太多次”。

最近一个关于人群异质性的例子与感染有关。在我们关注新冠疫情的新闻时，很多人已经了解到基础传染数 R_0 被广泛地用来预测病毒的传染情况。这个衡量传染速度的指标，代表已经感染的人平均可以将病毒传染给多少人。每一位感染者会传染的人数其实并不相同。“超级传播者”是指那些由于各种原因更有可能传染他人的患者，超级传播事件可以造成感染人数激增，比如 2020 年 2 月在波士顿举行的渤健公司的年会。[73]

新加坡前总理李显龙曾是理查德的学生，他认为对传染率以及感染人群异质性的理解对他掌握 2020 年 5 月新冠疫情在新加坡的早期发展状况非常重要。

新冠病毒传播的人群异质性

李显龙

新冠疫情为我们理解异质性的重要性提供了两个生动的例子。众多国家和城市在持续跟踪病毒的基础传染数 R_0、病毒的再生速度以及死亡率。这些全局性的参数掩盖了人群内部重要的异质性。

新加坡在 2020 年 1 月开始出现新冠病毒传染病例。虽然病毒在持续传播，但我们的 R_0 一直都远低于 1。我们对此感到欣慰，并将此归功于严格的接触者追踪举措。但是我们一直非常清楚这个基础传染率代表的是整体水平，如果病毒在一些特定场所传播，其 R_0 可能会远高于整体水平。事实果然如此。我们有 30 万移民工人居住在集体宿舍，那里的传播风险很高。少数隐藏的感染者就可以迅速引发一轮暴发。集体宿舍中的 R_0 估计在 2 ～ 3。

然而，另外一种异质性使得我们可以保持很低的死亡率。在我写这几段文字期间，新加坡的死亡率是 0.05% 左右，这意味着每 6 万例感染者中约有 34 人死亡。这可能是因为很多感染患者是移民工人，他们与整体人群相比更年轻、更健康。他们当中的大多数人只有轻微症状或者无症状，很小一部分人需要去 ICU。如果同样规模的疫情发生在老年群体或养老院中，那就是另外一个故事了。幸运的是，现在有疫苗了，我们会优先给老年群体和易感群体接种，希望能降低风险。

认识到人群中的异质性也有益于制定针对不同人群的政策。比如，基于美国疾控中心的数据，美国的新冠病毒感染死亡病例中超过 90% 是 55 岁及以上的群体，25 岁以下人群占比低于 1%。[74] 这意味着养老院与学校的风险级别截然不同。

理查德从疫情初期就呼吁大家关注风险的异质性，他认为如果大家对此关注不够，将会对美国和其他国家的疫情发展产生深远的负面影响。在早期，我们对老年人群体采取的保护措施严重不足，尤其是对居住于养老机构中的人群。与此情况截然不同的是年轻学生群体，他们面临的风险较低，但如果学生不去学校的话，这对他们的学习和精神健康又会产生严峻的影响。理查德认为我们在让学生重回学校方面过于迟疑，尤其是对年轻的学生以及受网课影响较大的家庭来说。

理解异质性有助于分析那些行为会随着时间发生变化的问题。2021 年早期，新冠病毒感染率在很多发达国家大幅下降，对此最常见的解释是保持社交距离、群体免疫的进展以及注射疫苗，而另外一个因素——异质性，没有得到关注。

为了理解风险的异质性如何解释新冠病毒感染率的下降，你可以设想一个非常简单的情况。我们假设人群中一半人感染新冠病毒的风险较高，达到了20%；而另外一半人感染风险较低，只有1%。感染风险的差异有可能与人们的行为、居住条件、职业、当地的毒株等相关。由于很多高风险人群会被感染，所以初始阶段的感染率较高。但是，随着时间的推移，这些人中面临感染风险的人越来越少，因为他们中的大多数已经被感染，而重复感染的风险又很低，这时总体感染率开始接近于低风险人群的感染率（1%）。这个简化的例子揭示了这个现象背后的机制：高风险人群使得初期的感染率较高，但随着时间的推移，他们在依然存在感染风险的人群中的占比越来越低，这使得总体感染率随时间降低。[75]

如上趋势不仅适用于新冠疫情。理查德还将风险的异质性用于解释疝气复发、烟草复吸率以及重复犯罪率随时间下降等现象。[76]这并不意味着其他因素没有作用，可是异质性确实很重要，但它一直在被忽视。

有关异质性重要作用的最有趣场景来自大学录取环节。在里程碑著作《早申博弈》中，理查德和他的合作者认为美国很多大学申请者得以进入精英学校的“提前录取”通道，为一些学生提供了提高录取概率的机会，但它并不适合所有人。[77]

有些人认为由于高收入家庭的申请者更倾向于参加提前录取（因为他们更有可能获得相关信息和资源），这使得他们更有优势。哈佛大学前校长德里克·博克（Derek Bok）在 2006 年哈佛大学废除提前录取的时候（哈佛大学后来又恢复了这项政策）说：“提前录取使得优势人群更具有优势”。[78] 理查德的合作者、耶鲁大学管理学院的教授巴里·纳尔巴夫，展示了对于异质性的理解如何帮助我们评估提前录取的公平性。

MAXIMS FOR THINKING ANALYTICALLY

大学录取的异质性

巴里·纳尔巴夫

理查德喜欢让人们解题。这些谜题不仅有助于健脑，也能帮我们理解政策问题。解题的秘诀通常是将边际分析和对人群异质性的理解结合起来。

我对其中一个难住我的谜题印象深刻。某一时期，各大学都在争论提前录取的公平性。理查德发现斯坦福大学校长亨尼斯（Hennessy）在维护提前录取的公平性时，强调提前录取的学生比常规申请学生的 SAT 平均分数高出 210 分。亨尼斯由此认为，这意味着提前录取的学生比常规申请的学生更有实力。

这个论据有效吗？我关注到了一个事实，提前录取的申请者更有可能来自好学校，得到了更好的升学辅导，做了更充分的考试准备。因此，提前录取的学生的考试分数相比起他们的实际能力来说更有可能虚高。理查德说："你这个反驳的论证太复杂了。"他提供了直接反驳斯坦福大学校长论证的关键观点：判断提前录取是否公平，我们需要知道通过提前录取通道录取的最差的学生是否比被常规通道拒绝的最优的学生更好——从边际角度来考虑问题，而不要从均值的角度！

提前录取的人群中有很多人 SAT 满分，高平均分也许会导致一些分数低得多的被提前录取的学生被忽视，他们甚至比常规通道下会被拒绝的那些人的分数更低。跟理查德的很多其他课一样，答案非常明显，只是我们都是事后诸葛亮。

亚伊尔·陶曼（Yair Tauman）与理查德在一系列有关间谍和威慑活动的研究论文上存在合作。他们留意到，异质性和非完美信息相结合，可能导致一些反直觉的结果。他发现"俄罗斯有多种方法来阻挠美国的信息搜集行动”。有趣的是，他提到在一些可能的情况下，“俄罗斯应该有意采取一些不那么有效的破坏性措施。如果有关俄罗斯实力的信号能够更加稳定，两个国家的敌意都会减少一些。”[79]

准则 16
最大化利用优势互补

假设你在组织暑期网球夏令营，再假定你重要的投入只有教练和场地。在你只有一片网球场地时，第一位教练的价值很高，第二位教练的价值依然是正的，但是比第一位教练低，因为你在一片场地上可以布置两位教练。第三位教练的价值就更低了。接下来我们假设你有两片网球场地，这时第二位教练的价值就升高了：因为第二位教练可以去第二片场地，招募更多的孩子。

在这个情境下，提高一种投入（网球场地）的数量可以使另外一种投入的增加（网球教练）更有价值。换一个角度，在一定条件下，雇用更多的教练并不会创造更高的价值，除非你有多余的网球场。网球场地更多，雇用更多教练的价值才会更高。

上述例子展示了最大限度地发挥配套资源的价值。网球场和教练属于配套资源，因为一种资源的价值取决于另外一种资源的可获得性。整个世界充满了这类配套资源。比如，对农民来说，如果其他资源（种子、灌溉系统、耕作方式等）都具备了，化肥的价值才可能更高。学校中黑板的价值取决于其他资源（比如粉笔、老师、教室等）的多少。

用经济学术语来说，以上情形代表正向的交叉偏导数。[80] 当理查德向学生们教授这条准则时，他将其称为“最大化正值交叉偏导数”，这是一个更技术化的术语，虽然他的本意是希望它显得更轻松和让人印象深刻。

这条准则的重要应用之一就是挑选合作者，如学术项目或商业上的合作者。理查德认为，我们经常选择技能跟自己类似的合作者，结果就是这种合作所能带来的额外价值要远低于拥有不同技能的人之间的合作。如果两个工程师计划造桥，再找一个工程师就不如再找一位建筑师或项目经理。

彼得·舒克（Peter Schuck）是理查德的合作者和以前的室友，现任耶鲁大学法学院的法学荣誉教授。他在与理查德的合作中见证了这条准则。“理查德与我的第一次合作是我们1970年发表在《公共利益》（*The Public Interest*）上的那篇论文。我怀疑他在这次合作中所用的方法是他的常规流程：理查德先产生了研究想法，这是他的相对优势，然后他就投身其他项目中去了，而研究想法的具体实施之类的耗时工作就依赖于他的合作者。”理查德对这个观点表示赞同：“如果你是一位理论经济学家，你与一位实证经济学家合作的收获要大于你与另外一位理论学家的合作。同样，如果你善于出主意但是拙于实施，你应该与实干家们合作。”

理查德本人就是这条准则的鲜活例子。他找到的不同领域的合作者数目让人叹为观止。弗朗索瓦·德乔治（François Degeorge）是理查德的学生和合作者，现任提契诺大学的金融学教授，也是享有盛誉的瑞士金融研究所的执行主任。他说：“理查德教会我最重要的准则来源于他的身教，而非言传：要与来自不同领域、拥有不同爱好和思维习惯、来自不同国家的不同年龄段的人打交道。在我们合作的过程中，我得到很多机会与理查德交谈。我总是对他与众多合作者一起工作且依然能给予我们的合作足够的关注度的能力感到敬畏。这种能力当然源自理查德的学术能力，同时也和他热爱与人互动有关。”

与不同领域的人打交道的益处并不囿于专业上的合作。哈佛大学肯尼迪学院的塔里克·马苏德（Tarek Masoud）是理查德的朋友和同事，他生动地描述道：“远在我们的领导人和机构开始意识到多样性和包容性的重要性之前，理查德就开始与一些背景和他截然不同的人打交道了。这本书的参与者人数就已经证明了这个事实。这也是为什么他个人经历的数据库中包含了亚美尼亚服装商人、曼哈顿的衣帽匠、参与争斗的埃及医生以及印度的桥牌选手。”

这条准则不仅适用于专业合作，也适用于私人关系。理查德的博士研究生爱丽丝·希思描述了她如何将这条准则运用于很多人认为可能是合作的终极模式——婚姻当中。理查德在肯尼迪学院的学生和助教塔兰·拉古拉曼，不仅将准则运用于如何选择合作者，也运用在如何规划自己的合作中。

婚姻中的优势互补

爱丽丝·希思

在我与一年之后即将成为我妻子的对象交往差不多一年的时间点，我选了理查德的课。我和我的太太在很多方面非常不一样：她喜欢快速做决定，我希望搜集更多信息并谨慎思考；她无肉不欢，而我是个素食主义者；她来自美国，我来自英国。

最初这些差异在我们的生活中造成很多困扰，可是当我从理查德的课上学到了交叉偏导数很重要时，我意识到应该把二人之间的差异当作可以互补的优势。当我们举办晚宴招待客人时，既能准备美味的荤食，又可以提供可口的素食，这比两个人都只会做荤食要好得多。同样，我们需要有人能在合适的时候当机立断，也同样需要另外一个人能在需要三思的时候及时踩刹车。

于我而言，交叉偏导数的本质就是，即便跨洋的机票很贵，与一个如此不同的人结为伴侣也是绝佳的选择。

MAXIMS FOR THINKING ANALYTICALLY

改进合作

塔兰·拉古拉曼

我深深敬佩理查德造就成功合作的能力。他能识别出自己不擅长的领域，将它视为可以与该领域的专家合作的机会，以创造巨大的价值。

因此正值交叉偏导数是一个重要的分析工具，它同时也在提醒我们在生活中保持谦逊，与其他可以产生影响的人共同合作。

在这条准则的影响下，现在每当我有新想法时，我不会再像以前那样不眠不休地全力投入工作，而是尽快去询问反馈。脑海中“正值交叉偏导数”的概念时刻提醒我放下自我主义，吸纳更多建议，迅速形成更好的想法。

这学期我开始实施一条新规则：花一小时思考一个新想法，然后通过简短的邮件或讨论向比我更了解相关情况的人寻求建议。这已经给我带来了从新冠疫情到新闻等多个方向的有趣和多样化的成果。

最后，哈佛大学经济学系的经济学教授、理查德的同事爱德华·格莱泽（Edward Glaeser）描述了他是如何将这条准则运用到对整个社会的思考中的。他发现个人的成就大部分建立在其他人的贡献的基础上。

MAXIMS FOR THINKING ANALYTICALLY

城市中和更广阔空间的正值交叉偏导数

爱德华·格莱泽

这条准则的价值被低估了。正值交叉偏导数标志着人类存在的里程碑。人类单打独斗时只是孱弱的生物，在野外对抗大型食肉动物时胜算很小。无论过去还是现在，我们的个体行动只有在与上千个其他个体的行动结合时才能发挥效力。我写下这些文字需要前人发明出书面语言、电脑、互联网以及历史长河中千千万万的事件。我作为经济学家的功绩在很大程度上归功于几十年来给予我指导的老师们，比如理查德。

我是研究城市的，正值交叉偏导数正是人们在城市中合作的原因。联合行动使得我们可以创造奇迹。这里面最重要的是一系列促成了人类最伟大发明的合作，从雅典哲学到互联网，无一例外。

MAXIMS FOR THINKING ANALYTICALLY

第 5 章

让生活更充实，让人生更智慧

运用逻辑和清晰的思考来理解世界
更好地进行生活和专业上的决策
本章的准则可以帮你更畅快地生活

读到这里，你很可能已经了解到，理查德是一个善于分析的人，他习惯运用逻辑和清晰的思考来理解世界，以更好地进行生活和专业上的决策。

之前的章节描述了理查德的学生、合作者和同事们如何将分析思维的准则运用在他们的生活中，这一章将关注一些对生活有指导意义的普适性准则。

艾伦·加伯是哈佛大学的教务长，30 年前他是理查德的博士研究生。“我年轻的时候特别敬畏聪明的人，而理查德是绝顶聪明之人。

年岁渐长之后，我开始仰慕智慧之人，这就是为什么我时至今日还如此崇拜他。聪明和睿智在他的身上完美结合，这很少见。”艾伦说，理查德的智慧是自己和其他高校领导人经常向理查德咨询的原因。

准则 17
莫嫉妒，朋友的成功也是你的荣耀

嫉妒被认为是一种不良情绪，许多精神领袖都警告人们不要陷入嫉妒的情绪之中。

嫉妒之心是人之常情，也有人建议将恶意的嫉妒和善意的嫉妒区分开来，但理查德建议他的学生和同事远离嫉妒。他借用了罗素的名言：“嫉妒是不幸福的最重要原因。”[81]

斯沃斯莫尔学院教授西翁·巴诺特是理查德的学生。他提到他很早就从理查德那里学到，互相攀比不仅没有收获，还会带来深度伤害。

西翁这样回忆道：“如果我们总是通过与周围人比较来寻求自己的价值，会经常觉得自己不够好。有一次我在理查德的办公室跟他讨论我的论文，提到我的一位博士同学最近在工作中取得了重要突破，而我还被困在某个问题中。这种对比显而易见地让我感到沮丧。理查德看着我说了一句话，大意是‘你朋友的成功是好事，要相信你的成功也会不期而至。你应该给他买杯啤酒，祝贺他取得了突破’。”

西翁说：“从那以后我再也不和同僚们互相攀比了，我开始为他人的成功感到高兴。这让我不仅在职业生涯中更加开心，在生活中也更加幸福。

我发现远离嫉妒后，自己会更加懂得欣赏他人，从而构建长久的友谊和关系。我希望我的朋友和家人们知道，我永远都是他们最忠实的支持者。这些都要感谢理查德。”

理查德在此方面也做出了表率。他的合作者们都有一种共识：理查德从不吝惜自己的时间、建议和支持。

他非常爱戴自己的导师，在人生的每个重要阶段都坦承他们对于自己的影响，丝毫不会嫉妒他们的成功。[82] 这些老师的成就很容易让人嫉妒：肯尼斯·阿罗和托马斯·谢林是诺贝尔经济学奖获得者，霍华德·拉伊法在博弈论、决策分析、谈判分析中的先锋地位被广泛认可。

理查德的学生迈克·斯彭斯（Mike Spence）也获得了诺贝尔经济学奖。理查德会庆祝和珍视这些好友所获的荣耀。

准则 18
莫后悔

在第 3 章，我们举了一个虚构的例子：你基于一番理性分析，决定不给你的手机购买保险，然而几个月之后你的手机坏了。这个例子说明了有时好的决策也会伴随不好的结果。“莫后悔”这条准则的重要意义在于，作为决策者，我们不该为产生了不利结果的合理决定而后悔。在这个例子中，如果你理性地做了决定，比如考虑到了手机损坏的概率，计算了手机损坏和没有损坏的情况下的投入，以及你的风险厌恶水平，你就不该为你的决定后悔。你也许会为结果感到沮丧，但如果决定是合理的，它不会因为运气不好的结果而失去其合理性。[83]

同样的道理，你也不该为一个凑巧得到好结果的坏决定而沾沾自喜。进一步而言，即便一个糟糕的决定造成了不利的结果，沉浸在后悔中也不能解决问题。你应该从错误中反思和学习，然后向前看。这也是理查德的学生陈映岚在工作中的做法。他现在是新加坡的风险投资人。“风险投资人做的是长线投资，在投资过程中不可避免地会出现投资失利的情况。我学会了不要被某一项具体决策的结果所打倒。相反，我将这些失败当作学习的机会，经常与组里的人一起探讨。这些本来可能充满着懊恼的时刻所能提供给我们的思路和远见超出我们的想象，对于我们决定如何寻找合作机构也发挥着至关重要的作用。”

总而言之，无论不好的结果是合理还是糟糕的决定导致的，后悔都毫无用处。意识到你犯了错误然后采取行动来应对它，这才是我们应该做的；沉溺于已经发生的错误之中不能自拔完全不可取。如果我们为了避免将来后悔而因此做出一些退而求其次的选择，这是更糟糕的策略。在手机保险的例子中，你也许下次会决定购买保险，这个决定并不是基于其合理性，而是因为你觉得将来万一手机坏了，你不会再后悔。但是避免后悔并不是进行决策的可靠依据。

霍华德·拉伊法是决策分析领域的巨人，他将理查德带入了这个领域。在纪念霍华德·拉伊法的理性决策理论的文章中，理查德写道：“我认为有意识地摒弃决策中对后悔的预期是充分践行决策分析方法的重要福利之一，这也是霍华德推崇的做法。”[84]

对后悔的预期会导致人们偏离理性决策。有两点值得一提：一是过分强调有所为的错误，忽视无所为的错误，也会助长现状偏差；二是沉没成本谬误，与没有采取任何行动比起来，后悔的情绪通常会因为我们在理性分析、采取行动之后却得到了不好的结果而更加强烈。在亚马逊股票的例子中，克里斯卖掉了他的股票，而帕特只是没有购买。我们发现克里斯通常会比帕特更加后悔。他的行动会让他比帕特的不作为产生更多精神上的痛苦和自责，尽管他们的经济损失没有差别。正是因为这样，我们在很多情况下都宁愿成为帕特。现状偏差使得我们误入歧途。

这种现象也被称为后悔厌恶，它会助长一个入门经济学教科书中的流行主题：沉没成本谬误。沉没成本谬误是指你基于自己已经在某项事务上投入了成本，比如时间、金钱或精力，所以认为自己应该在这项事务上追加投资。[85] 如果你曾经只是因为已经买了票就按原计划去剧院，即便天气恶劣而且剧评很差，这时你就陷入了沉没成本谬误。或者你因为已经进行了某项投资，就一直困在其中，更有甚者还会追加投资，这时你也犯了同样的错误。在个人交往上也一样，一段关系已经变质，而人们还可能因为双方已经在一起多年就勉强维持。

尽管沉没成本谬误的诱因很多，但害怕错误选择所导致的后悔情绪是产生谬误的重要原因。马克·汤普森（Mark Thompsen）是理查德的桥牌搭档和合作投资者，他曾经是理查德的学生。他说："我们要远离沉没成本谬误。这经常发生，人们纠缠于已经被证明会令人失望的事情中，仅仅是因为想要避免万一决策错误所产生的后悔情绪，或者觉得自己的行动毫无意义。理查德的这条准则在指导我们决定是否以及在何种程度上继续投资、写作、科研以及交往时，起了至关重要的作用。"

准则 19
提前制订快乐计划，提高预期效用

理查德的学生凯塞利·洪执教于肯尼迪学院，是他的同事。她喜欢和家人一起度假。她喜欢在阿卡迪亚国家公园爬山、享受美食、在西班牙探访古迹。她和家人经常提前数月甚至一年就开始讨论这些度假计划，并从讨论和规划中收获乐趣。他们想象着自己身处度假胜地品尝美食，勾画着美妙情境。

对未来收获的预期，比如对即将到来的假期的想象，有时甚至比真正的体验本身更能让人有满足感。这就是这条准则背后的含义，也正是人们所说的预期效用。理查德的学生克里斯·罗伯特是多家科技创业公司的创始人，他使这条准则上升到了新的层次。

通过预期效用将幸福掌握在自己手中

克里斯·罗伯特

我来肯尼迪学院之前就在研究幸福感，还发明了一些机制来调控自己的幸福感，理查德让我对此的理解更进了一步。有效地利用预期效应的思路非常有用，我觉得我从对很多事情的期待中所收获的幸福感实际上超过了我做这些事情所体验到的幸福感。

最简单的例子就是度假，人们可以从假期规划和畅想中收获几个月的幸福，但是度假本身可能转瞬即逝，而且很可能由于这样那样的原因，假期并不总是那么美好。我将这种概念拓展到了很多消费上，我意识到我的期待有可能超过实物，尤其是当我把它列入梦想清单时。比如，我多年梦想着买新车，我会将期待拉满然后再采取行动，即使没有任何理由需要这样做。

当为了富有挑战的目标深耕多年时，我把对于目标的期许本身当作奖励，当最终实现目标时，我得到了多重收获。我无时无刻不感受到理查德在这点上是多么正确。

理查德在哈佛大学肯尼迪学院的办公室隔壁的同事罗伯特·劳伦斯（Robert Lawrence），运用了理查德推荐的一项退休投资策略，收益甚佳，他还利用这条准则享受到了期待这些好结果的预期效用。虽然这个具体的金融策略并不适用于所有人，但在决策时考虑长远的观点适用于每个人。

MAXIMS FOR THINKING ANALYTICALLY

提高退休的预期效用

罗伯特·劳伦斯

几乎所有的金融专业人士都建议人们在越临近退休时越应该选择低风险的养老金投资计划。常用的规则是“100 法则”，意思是用 100 减去你的年龄，所得数字就是股票在你的资产中应该占有的百分比。我一直都对此笃信不疑，直到理查德改变了我的观点。

在特定情况下，当你的储蓄增长时，你可以适当提升风险投资所占的份额。在某次我和他一起共享午餐时，他提到传统投资策略的出发点是假定退休金的主要目标是确保你和配偶在过世之前有足够的钱支持养老。但是这种观点忽略了退休金计划中还有一个目标是与遗产相关的。对于那些已经存了足够的钱来养老的幸运群体来说，忽略这一点是很大的缺陷。

理查德采用了不同的原则，他认为自己和萨莉已经有足够的钱来养老，因此他的投资目标主要是考虑他的子辈和孙辈以及一些慈善计划。这意味着他在管理别人的金钱，而这些人的风险承受能力和时间尺度就很重要。他的受益人在应对风险时处在一个理想的位置上，因为他们根本不知道自己最终能得到多少遗产。所以他在选择投资计划时只在一定程度上考量了风险规避，股票和一些私募股权的占比较高。这样的投资策略在短期内的风险比债券高，但是长远来说它的投资回报率总是高于债券。萨莉和理查德的后辈们应该会有良好的发展，但即便他们存在难处，他们也知道萨莉和理查德为他们做了长远考虑。理查德的慈善事业也同样可以从这种投资策略中获益。

在理查德的影响下，我也选择了这种退休投资策略，最终我的孩子和孙子们将从中获益。我在余生中都能享受到对他们所获收益的预期效用。

这条准则可以鼓励你着眼未来，畅想着将会发生的美好事物，但是你应该避免去想那些将要发生的负面事件。比如不要总是想着你 10 天后要做一次肠镜检查。

你可以从对未来美好事物的期待中享受喜悦，从美好的回忆中收获快乐。弗雷德里克·肖尔（Frederick Schauer）曾在哈佛大学肯尼迪学院担任教职，他是理查德的合作者，现在是弗吉尼亚大学的法学教授。他提出了一个与本条准则相关的观点来证明这一点：最大化你的已有决策带给你的愉悦。“决策研究相关文献中很大一部分关注的是制定最佳（或是效用最大化）决策。而理查德的贡献是指出人们应该最大化地利用已有决定所带来的愉悦和效用。如果你受困于一场尴尬的交谈、一个糟糕的饭局，或者无法从一场糟糕的话剧、演唱会或者电影中脱身，理查德的准则告诉你应该尽可能从中获得享受。如果你已经在享受一次交谈、饭局或音乐会，这条准则可以让你和你的朋友们感知到它们是多么美好，这样你就可以从这些经历中收获更大的快乐。”

哈佛大学教务长艾伦·加伯回忆起 40 年前他和诺贝尔奖获得者肯尼斯·阿罗以及理查德的一顿晚餐，话题涉及从已有决定中获得价值。当时他们在讨论花一大笔钱去享受一顿极端昂贵的美味是否理智。“肯尼斯和理查德都说他们相信顶级体验。他们的观点是，一顿昂贵的美食会让你异常享受，这个回忆会伴随你很久。当你在评估这次体验给你带来的效用时，你需要考虑到这一点，以此来判断你的花费是否值得。”[86]

最后，**当你已经做出了决定，一个提高你幸福感的习惯是搜集对你的决定有利的信息（在做出决定之后），然后享受这些积极信息。**如果你已经决定去某所大学，那就尽力去发现这所大学能提供的所有美好事物，例如你感兴趣的方向的教授，学校给大家带来的归属感等，不要过多关注学校的负面信息，比如平淡无奇的食堂、昂贵的住宿费等。

你同样可以提醒自己付出一些额外的努力来提升你的初始决定的价值，要注意不要陷入沉没成本谬误。“尽力做出正确决定，然后让你的决定物超所值。”这是理查德给予保罗·雷斯尼克（Paul Resnick）的建议，保罗现在是密歇根大学的教授和副院长。在毕业时，他需要在伯克利大学、密歇根大学以及哈佛大学肯尼迪学院的潜在工作机会之间做出选择。当保罗回忆起这个决定时，他说道：“23 年之后，我还在密歇根大学任职。一路走来，我做了各种各样的其他决定来提高我的初始决定的效用。在刚来这里的两年里，我和太太骑车环游上半岛，我还和其他老师一起参加了一个为期 5 天的大巴游来更好地了解这个州。我办公室隔壁就是迈克尔·科恩（Michael Cohen），他是很多人的导师，我没有浪费可以常常敲门请教他的机会。为了弥补不能在理查德隔壁工作的遗憾，我每年至少飞去波士顿一趟当面请教。10 年之后，我和夫人在河边买了一套房，这里可以步行到我的办公室，这样的生活方式在伯克利或者剑桥都是不可企及的。

其他简单但重要的生活准则

难得糊涂

理查德跟我分享了一个他刚结婚时的故事。理查德发现家里多了一件新家具，他问萨莉："这件家具多少钱?"萨莉回答："你不需要知道"。[87] 理查德意识到他确实不想知道，于是就此作罢。他和萨莉经常用这条准则来避免知晓那些可能会让他们感到不愉快的事情。他认为这条准则使得他们的婚姻当中几乎没有争吵。理查德的分析能力如此之强，又如此理智，他无时无刻不在获取信息，却刻意采取了这种方法来处理家庭事务，这实在是让我大为震撼。

随着时间的推移，我越来越意识到这条准则是多么明智。我和太太也经常在彼此的相处以及和孩子的相处中应用这条准则，这给我们的生活带来很多积极影响。

对他人的缺点报以宽容

塔里克·马苏德是理查德的同事，他是中东政治方面的专家。他从未在理查德那里亲耳听到这条准则，但他相信这是理查德一直在践行的。“理查德是我认识的人中最慷慨、最客观的人之一。比如我经常迟到，吃午饭、打篮球，甚至在一场他为我举办的派对上，我都迟到过，但理查德最多也就是温和地嘲讽我几句。”

非同步的互惠

波士顿大学教授威廉·塞缪尔森和理查德合作过多本著作。他提到一项也许能反映出理查德的慷慨的原则。“多年以前，理查德和我从性价比分析的角度讨论助人为乐行为。如果我没记错，理查德认为，如果人们预估对方的收获将超过自己的付出，他们就应该毫不犹豫地帮助别人，哪怕对方还没有开口。在未来的某个时刻，这种付出也许会获得回馈，也许不会，或者受惠者又会施惠于他人。我们构建出这样一条施惠的链条，对每个人都有利。我一直很喜欢这种‘非同步的互惠’，这是我自己创造出来的专有说法，因为它赋予人们一种充满理性的满足感，而不是类似于‘将爱心传递下去’的感情用事的想法。我们都应该行动起来。”

将准则融入生活

书至此处，我希望你已经将一些准则纳入到你的分析工具中了，这些准则会帮助你更好地理解世界，做出更智慧的决定，生活得更充实。我希望你最终能从本书中获得一些经验：

- 当你很难厘清思路的时候，就考虑极端或者简单的例子。这通常会给你提供前行的洞见。更广义地说，这是指在保证不丢失关键要素的情况下尽量简化问题，而不是把问题变得更简单。
- 世界充满不确定性，比你所想的要不确定得多。几乎你做的每一个决定都面临不确定性。因此，学会从概率的角度去思考是重要的生活技能，主要指你应该评估很多情境的主观概率并且根据新信息对这些概率进行更新。

- 一些正确的决策会在不确定性的影响下走向不尽如人意的结局。实际上，一些决策本身就不会获得好的结果。这时你要做的就是选择一个损失最小化的方案。此外，相比于自己不行动导致的错误（不作为的错误），你会更厌恶自己采取行动导致的错误（有所为的错误）。请抵制这种倾向，这两类错误是同样糟糕的。我们关注的重点在于它们导致的后果，而非原因。
- 3 条理解政策的重要概念：长除法（1 美元可以产生多少收益）可以帮助你在比较不同政策的时候做出决定；弹性（一个量的变化与另一个量的变化相关）让你从边际角度思考，这对做正确的决策非常关键；关注一个群体里的亚群体可以帮助你更好地理解整个群体的特征。
- 3 个让生活更充实的想法：尝试抛弃嫉妒；尽你所能消除后悔所带来的负面感受，这会让你不快乐并且做出错误的决策；你可以通过期待和经常回忆一段开心的经历来强化你从中获得的愉悦感受。

分析思维的本质是一个连续体。我希望这本书可以帮助你更有分析性地思考。下面是一些可以帮助你训练思维的练习：

- 圈出或者画出你下个月想要重点关注的 3 ～ 5 条准则。对每一条准则写几句描述：
  - 在过去的生活或工作场景中你将如何践行这一条准则。
  - 你将如何在未来践行这一准则。
  - 从本书中找出一两个帮助你牢记这一准则的案例。
- 在你的日历上设置一个每周复习上述答案的提醒，连续 5 周。
- 如果你愿意将你的想法分享给世界，或者参照别人应用准则的方式，你可以在社交媒体上使用 # Thinking Analytically 的标签发言。
- 写出一条你自己关于更具分析性地思考的准则。

我对于帮助你更具分析性地思考的忠告可以浓缩成一条终极准则：**像理查德一样思考，你的人生和周遭世界将会因为你这样做而变得更好。**

他人眼中的理查德·泽克豪泽

写作本书的过程中，我最想感谢的是理查德之前或现在的同事、合著者、学生及合作者，他们给予了我积极的反馈。我在最初邀请他们提供信息后，收到了许多对理查德表达感激之情的内容。以下是一些例子：

> 我第一次遇到理查德的时候是15年前，当时我是哈佛大学设计学院年轻的助理教授。那时担任院长的艾伦·阿特舒勒（Alan Altshuler）注意到我对知识的好奇心和兴趣超出了我所在系的能力范围，并鼓励我与外校教师合作。那段时期，跨学科合作在我们系并不被鼓励。理查德帮助我开启了跨学科思维的整个世界。值得注意的是，我的教育观和实践建立在比他

的领域更加具有艺术性和主观性的工作方式上，而他认同我这些思考的价值，尊重这些观念。可以说，从与他合作开始，我逐渐变得更加善于分析，而他确实有更好的设计眼光。我们一起发表了关于城市规划设计与环境的论文，涉及矿山复垦、郊区发展与交通、海岸恢复力等领域。我们每合作一篇论文，理查德都能找到一种方法来改变我的思维方式，让我重新看待事物。

艾伦·伯杰（Alan Berger）

在莎士比亚的《亨利四世》中，老法官对他的同学说："这就是生活。"是的，理查德——当我们在肯尼迪学院教授法规的时候（包括从马萨诸塞州的电梯监管到俄克拉荷马州的天然气监管）。我们会为我们合作的论文想出很好的词句（如果没有相关规定约束，DNA 相关的发现会不会带来一万个弗兰克将军的克隆体？或者会不会产生蚊子与人的杂交物种？）。我们一起学习、写作、教学，我们成为朋友。理查德，你做了伟大的工作，我很高兴这本书是关于你的。

贾斯蒂斯·斯蒂芬·布雷耶
（Justice Stephen Breyer）

当我计划找工作的时候，我和我丈夫开始考虑生育二胎。我不知道这个时间选择是否正确，于是我去向理查德寻求帮助。他说："翠翠，做你认为对你的家庭最好的事情。如果某所学校仅仅因为你的家庭情况就觉得你不能胜任，那么这所学校也不值得你投入时间和精力。"我接受了他的建议并且对自己的现状非常满意。

陈翠翠（音译）

当我还在肯尼迪管理学院工作时，我和理查德合作教学了几年。我向理查德学到的东西同任何一个在我们联合教授的博士学术研讨会中的学生一样多。"致力于伟大"（Aim for grandeur）是我回忆起的理查德常说的一句话。他的意思是学生应该想他们的研究会产生怎样伟大的贡献。他们不仅应该视自己为技术人员，还应该视自己为伟大学术传统的全身心参与者。他们应该将自己的研究定位于回应人类历史中恒久存在的问题。

我认为这句话是理查德作为杰出的学者和老师的秘诀之一。还有什么能比做决策更伟大呢？理查德作为决策理论领域的先驱为我们讲述了生活的核心。决策组成了我们的生活，它们影响着每个人。那些深化我们对于决策制定理解的研究直接关系到人类最为重要的一些方面。

理查德不仅从经验上描述了人们如何决策，而且创造了帮助人们更好地决策的工具，尤其是在面临不可避免的不确定性和权衡的情况下。从他在肯尼迪学院极受欢迎的“政策分析框架”课程中——其名称和目标一样伟大，理查德将重要的决策工具传授给了几代学生，他们在世界各地担任着重要的领导职务。

卡里·科格里安内斯（Cary Coglianese）

理查德对我们理解复杂政策问题做出了超乎寻常的智力贡献。作为一位出色的导师和同事，我们从他身上学到的东西无穷无尽。从个人角度上说，从我 28 年前进入肯尼迪学院开始，他在个人职业发展上给我的建议和支持让我对他极为感恩。谢谢你，理查德！

苏珊娜·库珀（Suzanne Cooper）

作为他那一代杰出的经济学家之一，理查德是少有的同时将细致入微的理论功底、极高质量的实证研究以及对公共政策问题展开开创性分析结合在一起的学者。我很感激他给我在健康经济学领域的研究提供的无价洞见和对我职业生涯的鼓励。

维克托·富克斯

我在1981年就读于哈佛大学肯尼迪学院的时候上了理查德的课。他教授给我的关于概率、决策分析和风险管理的方法一直引领我在工作和生活中做出更好的决策。从他课上学到的解决问题的方式和方法是我从所有课程中学到的最具影响力的。我为有他这样的朋友和同事而感到荣幸。

约翰·黑格（John Haig）

理查德教会了我太多，彻底改变了我做事的方法和效率，我想感谢他的太多。他在教学中致力于帮助学生解决难题，并且相信我们能够有所作为。

理查德会在课上给研究生提出一些真实世界里的复杂问题，让我们直面这些并且试图解决。他向我们证明，他教给我们的工具都是我们力所能及的，能被用来帮助人们优化公共产品。这并不是因为我们给出了完美答案，而是因为工具加速了过程。

在我读硕士学位的时候，我有个疯狂的想法。我想尝试解决一个决策树，为艾滋病母亲如何进行母乳喂养提供建议，尽管那时候没人知道艾滋病有多大概率会通过乳汁感染婴儿。理查德没有指责我的想法荒唐，而是说那是一个很大的挑战，不妨去试一试。那次尝试开启了我们和世界卫生组织的合作，以及我愿意处理复杂问题的职业生涯。

这也改变了我的教学方式。我的学生现在致力于消除美国对移民儿童的拘留，消除全球的童婚问题，推进种族间、种族内、国家间和国家内部的平等。他们的尝试仅仅代表一小部分理查德带来的真实的跨越代际的影响。理查德将创造价值和严谨的分析方法结合的信念为解决深刻的复杂问题提供了洞见；而且他坚信，在职业生涯中任何阶段有所作为都不嫌早，这不仅对他的学生，对他的学生的学生以及未来几代人都产生了影响。

乔迪·海曼（Jody Heymann）

我是通过我们共同的朋友杰里·格林（Jerry Green）的介绍认识理查德的。当向我解释我为什么会很开心认识理查德的时候，杰里说理查德有“无限的智商”（unbounded IQ）。那是我唯一一次听到这样的表述，并且我想不到比这更好的描述他的方式。理查德是个无拘无束的人。他的想象力不受语境界限的限制，看到他跨越界限的能力是一种享受！

埃隆·科尔伯格（Elon Kohlberg）

1979—1980年，我选择了理查德的课。我可能是他第一个来自新加坡的学生。从那时起，越来越多新加坡学生发现他的公共管理硕士项目的课程严格而刺激，就像我40多年前体验到的一样。许多人回新加坡后选择在政府工作，并受到启发在工作中运用从理查德的课上学到的技巧和思维方式。

新加坡努力将分析框架应用在政策问题上。我坚信这使得我们的公共服务与其他地方产生了质的差别。对于这一点，所有我们这些有幸作为理查德的学生和朋友的人都非常感激。

理查德的课程给我留下了如此深刻的印象，以至于40年过去，我还能记得许多我们讨论过的内容。我经常依靠它们，并且更多时候是无意识地通过它们理解一些数据或者问题，对此我将永远心存感激。

李显龙

理查德是在我收到哈佛大学肯尼迪学院助理教授的工作邀请后，第一位与我联系的同事。我们聊了很久，然后我想：“哇！这个人的思路好开阔。这个学院肯定很不错。”当我们开始合作一个关于“敷衍”的社会心理学项目时，他正在为一篇哲学期刊投稿收尾，已经写完了一本儿童读物，并且正在考虑一个与艺术史相关的合作。理查德是一个鼓舞人心的模范，他富有创造力和好奇心、无所畏惧、极具洞察力并且思维开阔。以上任何一个我形容理查德的特质如果被用来形容我的思考，我都会觉得自己很成功。

托德·罗杰斯（Todd Rogers）

我注意到，即使肯尼迪学院里的人都非常忙碌，理查德总是能够为他的学生和同事抽出时间来。当我刚开始在学院里做助理教授的时候，我们一起吃过几次午饭，长谈过几次，此后就开始合作撰写一篇文章，我想这也是许多人的经历。更确切地说，我们开始研究理查德 20 多年前创作的一篇旧论文。尽管这对我来说并不寻常，理查德向我保证，这并不是闻所未闻的——实际上，他前不久刚完成另一篇论文，而那篇论文的写作间隔时间更长。我认为这个持续的接触（以及坚韧）是独特的。对于我们这些刚开始学术生涯的人而言，理查德树立了一个慷慨的、具有无尽创造性并且与许多同事保持良好联系的榜样。

本杰明·施内尔（Benjamin Schneer）

理查德是我的教授，也同时是我的学位论文答辩委员会的成员。我仍然记得当时自己在想，被他质疑是多么兴奋有趣，也记得当我完成答辩想到，如果没有他的帮助，我可能不得不暴露自己的假设将会多么可悲。他那些被强烈好奇心驱使的有趣的想法使得他成为最好的论文读者。他也教会了我怎样去做一位导师。我现在能成为一位好老师，拥有肆无忌惮展露对学生的兴趣的勇气，学会了质疑自己的假设，都是因为他。

杰西卡·斯特恩（Jessica Stern）

我在肯尼迪学院读公共管理硕士的第一个学期犯了一个巨大的错误，就是决定上理查德的分析方法课。因为课前准备做得很糟糕，我只能理解大概 20% ～ 40% 的内容。作为一个在比较封闭落后的国家长大的人，我不知道谁是霍华德·拉伊法，什么是博弈论，或者为什么美国的棒球规则如此复杂。我本想要退选或者任由它挂掉，但可能是注意到了我在人群中痛苦的表情，有一天理查德给全班同学讲了 10 年前两位越南籍的同学如何在他的班上大放异彩的故事。理查德并没有把这个例子和任何他所教授的分析方法或者准则联系起来，我现在甚至怀疑这是他编造的故事。但是这个例子使我转变了心态，我下决心要努力通过这门课程。当成绩出来后，理查德给我写邮件告知我他修改了博士项目的推荐信。他通过这件事帮我建立了最初的自信心，这使我在后面很长一段路上都受益很多。

陈英（Anh Tran）

不论我何时拜访理查德，我都能得到他全部的关注——客观而言，我知道许多他的合作者、朋友和同事也会得到同等的关注。就智力水平而言，我可能无法与理查德媲美，但是我至少可以渴望像理查德一样做到慷慨地付出时间和对他人充满善意。

亚历山大·瓦格纳（Alexander Wagner）

在过去30年里，我有幸见证过理查德的智慧对同事、朋友和多代学生产生了深刻且持久的影响。他在分析思维和决策方面有着独特的天赋，同时他还有一颗善良且豁达的心。

温迪·怀亚特（Wendy Wyatt）

为本书提供帮助的人们

克里斯托弗·埃弗里：哈佛大学肯尼迪学院的罗伊·拉森公共政策学教授，教授微观经济学和统计学分析课程。他主要研究评级与选拔机制，关注大学的招生制度。他与安德鲁·费尔班克斯（Adrew Fairbanks）和埋查德·泽克豪泽合著了他的第一本书《早申博弈》，于2003年3月由哈佛大学出版社出版。在近期的研究中，他考察了高中生的大学申请特征和大学的招生选择。他在斯坦福商学院获得了经济分析的博士学位，此前在哈佛大学和剑桥大学获得了学士学位。

马克斯·巴泽曼：哈佛大学商学院的杰西·伊西多·斯特劳斯工商管理教授。他关注决策、谈判和伦理方面的研究，共著有11本书，发表过200多篇研究文献。他获得的嘉奖包括来自伦敦大学（伦敦商学院）的荣誉博士学位，阿斯彭研究所颁发的终身成就奖以及管理学会颁发的杰出教育者奖、组织行为学终身成就奖。

艾伦·伯杰：麻省理工学院景观建筑与城市设计学院的教授，他的课程对全部学生开放。他是麻省理工学院 P-REX 实验室的创始人。这个实验室主要聚焦于城市化带来的环境问题，包括设计、修复和重新利用世界各地的废弃景观。他全部的研究、教学和实践都强调城市化和自然资源消耗以及废品的增多之间的联系，以帮助我们更好地理解如何重新设计智能成果。

西翁·巴诺特：斯沃斯莫尔学院的经济学助理教授，研究行为经济学和公共经济学。他于 2006 年在普林斯顿大学获得文学学士学位，于 2009 年在哈佛大学肯尼迪学院获得公共政策学硕士学位，2015 年在哈佛大学获得公共政策学博士学位。他的研究兴趣包括亲社会行为、发展以及个人财务决策。

杰夫·别利茨基：俄亥俄州立大学的副教授，研究能源与环境系统和政策的相互作用问题，尤其是有关碳管理、可再生能源，以及能源和水资源的关系。在就读研究生之前，他是费米国家加速器实验室的一员，主要研究产生反质子的仪器设备和基础设施。

伊丽丝·博内特： 哈佛大学肯尼迪学院的学术主任，艾伯特·普拉特商业与政府学教授。她是一位行为经济学家，经常从性别或跨文化角度出发，结合经济学洞见和心理学见解来改善组织和社会的决策。她最近的研究考察了行为设计，可以消除我们在生活、学习和工作中的偏差。

乔纳森·博尔克： 哈佛大学肯尼迪学院的公共政策学联席讲师。他也是位于波士顿 Analysis Group 公司的副总裁。他擅长在金融、反垄断经济学、能源和环境领域应用经济学和统计学知识。

斯蒂芬·布雷耶： 律师、法学家。他从 1994 年起担任美国最高法院的助理法官，在 1967—1994 年担任哈佛大学法学院的助理教授、法学教授和讲师，在 1977—1980 年在哈佛大学肯尼迪政府管理学院担任教授。

艾伯特·卡恩塞尔： 在 1997—2006 年担任加州大学洛杉矶分校的校长，在任期间一直从事与国防安全政策相关的教学和研究。在来到加州大学洛杉矶分校任教前，他在哈佛大学工作了 23 年，此间担任卢修斯·利陶尔公共政策学教授，哈佛大学教务长和肯尼迪学院院长。

玛丽莲·卡蒂永：在哈佛大学获得了卫生政策学博士学位。她此前在法国一家医院担任院长。她的实证研究结合了经济学、量化方法和数据科学，研究药物和卫生保健干预措施的价值，并为技术、项目和政策评估做出贡献。

陈翠翠：纽约州立大学奥尔巴尼分校经济学助理教授，主要研究企业和政府如何应对环境和能源挑战。她过去和近期的一些研究主题包括调查德国 5 家汽车制造商“串通”采用无效的尾气控制技术产生的社会福利后果；从实证角度识别总量管制与排放交易计划中产生的市场摩擦；制定有效的国际气候变化协定，鼓励各国加入；利用机器学习预测单个国家的长期温室气体排放量。她在麻省理工学院获得了技术与政策的硕士学位，在哈佛大学获得了公共政策学博士学位。

卡里·科格里安内斯：爱德华·希斯法学及政治学教授，宾夕法尼亚大学监管项目主任。他专研行政法和监管程序，重点关注替代程序和策略的实证评估，以及政策制定中公众参与、技术和政企关系的角色。

苏珊娜·库珀：哈佛大学肯尼迪学院教学与课程部门的学

术主任，也是伊迪丝·斯托克公共政策学资深讲师。她此前曾担任公共政策学硕士项目的执行主任，负责监督该项目的学术方面。她的授课重点主要包括宏观经济学、实证方法和政策分析。

弗朗索瓦·德乔治：提契诺大学金融学教授，瑞士金融研究所高级主席和常务董事。他是欧洲金融学会前主席，提契诺大学经济学院前院长。来提契诺大学任教前，他在巴黎高等商学院任教。

约翰·多纳休：雷蒙德·弗农公共政策高级讲师。他也担任公共政策学硕士项目主任和SLATE课程中心的案例和课程联席主席。他的教学、写作和研究关注的是公共部门改革，以及各级政府和经济部门中的公共责任分配，包括在哈佛大学肯尼迪学院和哈佛大学商学院双学位项目开展的广泛合作。

安娜·德雷贝·阿尔门贝里：斯德哥尔摩经济学院的约翰·比约克曼经济学教授，研究行为经济学和元科学。

卡伦·埃格尔斯顿：弗里曼·斯波利国际研究所资深研究员、斯坦福大学肖伦斯坦亚太研究中心副主任。她在哈佛大学取得公共政策学博士学位，现在在美国国家经济研究局担任教职研究员。她的研究重点是政府和市场的角色在卫生保健和亚洲卫生政策中的作用，尤其关注中国、印度、日本和韩国，关注医疗生产力以及人口转型经济学。

英格丽·古尔德·埃伦：纽约大学波莱特·戈达尔城市政策与规划教授，富尔曼中心教务主任。她是《分享美国的社区》(*Sharing America's Neighborhoods*)一书的作者，并且发表了多篇关于住房政策、社区和种族隔离的文章。

戴维·埃尔伍德：哈佛大学肯尼迪学院的伊莎贝尔和斯科特·布莱克政治经济学教授，主要研究贫困、经济流动性和社会政策。他于2004—2015年担任该学院院长。此前曾任卫生与公众服务部助理部长，帮助领导克林顿总统的福利改革工作。

杰弗里·弗兰克尔：哈佛大学肯尼迪学院的詹姆斯·哈佩尔资本形成与增长教授。他是美国国家经济研究局的研究助理，并在曾正式宣布经济衰退的商业周期观测委员会任职。他曾于1983—1984年和1996—1999年在美国经济顾问委员会担任顾问；在克林顿政府中作为经济顾问委员会会员，负责国际经济、宏观经济和环境的研究。在1999年加入哈佛大学之前，他是加州大学伯克利分校的经济学教授。

杰弗里·弗里德曼：达特茅斯学院的政府学助理教授。他的研究重点是风险和不确定性如何影响高风险决策，尤其是在国家安全领域。

傅筱忱：中国银行高级经理。她此前在中国农业银行、世界银行和中国人民银行任职。她在北京大学获得经济学学士学位，在哈佛大学肯尼迪学院获得公共政策学硕士学位，后在清华大学五道口金融学院攻读金融学博士学位。

维克托·富克斯：斯坦福大学经济、卫生研究与政策系亨利·凯泽初级名誉教授。他也是美国国家经济研究局的研究助理，斯坦福大学经济政策研究所和斯坦福大学弗里曼·斯波利国际研究所的资深研究员。他将经济学研究方法应用于国家关注的社会问题，特别侧重于卫生和医疗保健问题。

贾森·弗曼：哈佛大学肯尼迪学院和经济学院的经济政策实践联席教授。他在奥巴马总统执政的 8 年中担任高级经济顾问，包括于 2013 年 8 月至 2017 年 1 月间在经济顾问委员会担任主席，担任奥巴马总统的首席经济学家以及内阁成员。

艾伦·加伯：哈佛大学教务长兼哈佛大学肯尼迪学院和文理学院马林克罗特卫生保健政策教授和经济学教授。此前，他是斯坦福大学的亨利·凯泽初级名誉教授、医学教授、经济学教授、卫生保健政策教授以及商学院经济学教授。

爱德华·格莱泽：从 1992 年起在哈佛大学文理学院担任弗雷德和埃莉诺·格里普经济学教授。他平常教授微观经济学理论，偶尔也教授城市和公共经济学。他曾担任陶布曼州和地方政府研究所主任，以及大波士顿拉帕波特研究所所长。他发表了许多研究城市经济增长、法律和经济学的论文。他的研究重点关注城市发展的决定性因素以及城市作为思想传播中心的角色。他于 1992 年在芝加哥大学获得博士学位。

托尼·戈麦斯 - 伊巴涅斯：哈佛大学德雷克·博克城市规划和公共政策研究教授。同时，他也在设计研究生院和肯尼迪政府学院担任联席教授。他在两个学院教授经济学、基础设施和交通政策课程。

玛丽 - 帕斯卡莱·格里蒙：斯德哥尔摩大学瑞典社会研究所的一名研究员。她在哈佛大学肯尼迪学院获得了公共政策学博士学位。

约翰·黑格：穆萨维亚尔 - 拉赫马尼商业与政府中心联合主任以及哈佛大学肯尼迪学院的公共政策学讲师。他于

2005—2017 年担任肯尼迪学院的执行院长，参与战略决策并监管学院的日常运营和财务工作。

爱丽丝 · 希思：哈佛大学肯尼迪学院的公共政策学博士。她在劳动经济学和公共经济学领域开展研究，主要研究影响家庭和儿童的政策。在获得博士学位之前，爱丽丝在英国做数学老师，和美国很多州的公共医疗及儿童福利机构合作。

乔迪 · 海曼：加州大学洛杉矶分校杰出的公共政策学和公共卫生学教授。她还是世界政策研究中心的创始人，该中心是分析 193 个国家社会政策的量化研究中心。海曼也是美国国家科学院的院士，担任加州大学洛杉矶分校的公共卫生学院院长。

威廉 · 霍根：雷蒙德 · 普朗克全球能源政策研究教授，哈佛大学电力政策小组研究主任。此前他是斯坦福大学的教员，在那里，他成立了能源建模论坛。他还是国际能源经济协会的前任主席。

凯塞利 · 洪：哈佛大学肯尼迪学院公共政策学兼公共管理项目首席教授。她于 2015 年获得曼纽尔 · 卡巴洛卓越教学奖，2018 年获得霍莉 · 泰勒 · 萨金特杰出女性奖。她主要教授冲突谈判相关内容。

约翰·霍顿：麻省理工斯隆商学院信息技术系的助理教授及理查德·莱格霍恩职业发展教授（1929 年）。霍顿主要研究劳动经济学、市场设计和信息系统的交叉领域。他尤为关注改善匹配市场的效率和公平。约翰于 2011 年在哈佛大学肯尼迪学院获得公共政策学博士学位。

埃隆·科尔伯格：哈佛大学商学院的罗亚尔·利特尔工商管理学教授，他从 1973 年就在此执教，主要研究博弈论和基础数学教育。

马切伊·科托夫斯基：经济学家、圣母大学经济学教授，主要进行拍卖、市场机制设计和匹配市场的研究。

卡罗琳·库斯基：宾夕法尼亚大学沃顿风险中心执行主任。她从多个视角研究灾难保险市场、联邦灾难应急响应和构建气候适应能力政策等方面。她在斯坦福大学获得地球系统学学士学位，在哈佛大学获得公共政策学博士学位。

理查德·克鲁姆霍尔茨：Delight 餐饮集团管理合伙人，该集团是拥有 57 家餐厅的 TacoBell and Wendy’s Restaurant 的特许经营商。此前，他是 Baupost 集团的主管，负责美国、欧洲和巴西的房地产投资。他在房地产投资方面有非常成功的履历，在房地产市场和部分资本结构中完成了超过 30 宗交易。他的职业生涯是在高盛集团商业银行部门的房地产主要投资领域开始的。他以优异的成绩获得了哈佛大学经济学学士学位。

霍华德·昆鲁斯：宾夕法尼亚大学沃顿商学院的詹姆斯·迪南决策科学与公共政策学荣誉教授，风险管理与决策过程中心联合主任。他长期研究社会如何更好地应对与技术和自然灾害相关的小概率但后果严重的公共事件。

罗伯特·劳伦斯：哈佛大学肯尼迪学院的艾伯特·威廉姆斯国际贸易和投资教授，彼得森国际经济研究所非常驻高级研究员，美国国家经济研究局助理研究员。在 1999—2000 年，他还担任克林顿总统的经济顾问委员会成员。他是一位专研国际贸易政策的国际经济学家。

斯科特·利兰：哈佛大学肯尼迪学院穆萨维亚尔－拉赫马尼商业和政府中心执行主任，主要负责该中心的科研项目、行政管理、战略规划以及日常运营。他是斯坦福大学的毕业生，在哈佛大学肯尼迪学院获得了公共政策学硕士学位。

珍妮弗·勒纳：哈佛大学肯尼迪学院桑顿·布拉德肖公共政策、决策科学和管理学教授。她的研究主要是融合心理学、经济学和神经科学的视角来对人类的判断和决策进行研究。除了在哈佛大学的教职工作外，勒纳教授于 2018 至 2019 年在五角大楼担任海军第一位首席决策科学家。

伊丽莎白·利诺斯：加州大学伯克利分校的公共政策学助理教授。她是一位行为科学家兼公共管理学者。她的研究主要集中在如何通过关注人民来优化政府。更确切地说，她的研究致力于探索如何在招聘选拔中提升多元性、如何降低工作倦怠以及不同的工作环境如何影响政府部门的管理绩效和动机。在她的公共行政行为研究中，她也研究如何用低成本的方式减少行政负担以及改善居民与州政府的整体互动。

李显龙：新加坡前总理。他于 1980 年从哈佛大学肯尼迪学院毕业，获得公共管理学硕士学位。

格伦·劳里：主要研究社会政策经济学的学院派经济学家和公共知识分子。他于 20 世纪 70 年代在麻省理工学院学习，曾在哈佛大学、波士顿大学、西北大学和密歇根大学任职。他目前在布拉格大学担任莫顿·斯托尔茨社会科学系教授。

玛丽简·卢伊斯托·荣松：斯德哥尔摩经济学院的博士后研究员。她在学院教学并开展关于可持续性的行为维度的跨学科研究。她的研究重点集中在合作、助推和知识抵抗。她是一位菲律宾裔学者。

塔里克·马苏德：哈佛大学肯尼迪学院的教授，主要研究中东地区和穆斯林国家的政治发展。他在布朗大学获得政治学学士学位，在耶鲁大学获得该专业的博士学位。

巴里·纳尔巴夫：耶鲁大学的米尔顿·斯泰因巴克管理学教授。他毕业于麻省理工学院，是一位罗德学者，也是哈佛大学研究员协会的初级研究员。他在牛津大学获得博士学位。除了他的研究工作外，巴里还和他曾经的学生塞思·戈德曼（Seth Goldman）一起成立了诚实茶（Honest Tea）公司。

约阿希姆·内普：在德国海德堡大学经济学系学习后成为一位经济学家。他在 1984 至 1985 年间担任哈佛大学肯尼迪学院的研究员。1987 年，他加入拜尔公司，后来担任财务运营主管。

乔纳森·纳尔逊：佛罗伦萨雪城大学的教学教授，也是意大利文艺复兴艺术的专家。他的出版物包括研究菲利普·利比、波提切利、达·芬奇、米开朗琪罗、普劳提亚·内莉、伯纳德·贝伦森和罗伯特·梅普尔索普等艺术家的著作。

乔·纽豪斯（全名为约瑟夫·纽豪斯）：获得经济学博士学位后在兰德公司从事医疗保健经济学工作 20 多年。他来到哈佛大学担任约翰·麦克阿瑟卫生政策及管理学教授，同时在肯尼迪学院、医学院和陈曾熙公共卫生学院任职。

加里·奥伦：过去 50 多年一直在哈佛大学任教，现在是 V. O. 基政治与领导力初级教授。他出版过 6 本著作，是一位公共舆论、政治和说明领域的前沿专家。他以优异的成绩从欧柏林学院毕业，并在哈佛大学获得了博士学位。

维克托·帕奇：在波士顿一家大型律所担任合伙人，长期从事公司和证券法相关工作。2005 年，他加入了 ERI 公司，该公司在那之前的 24 年中一直是他的客户。在 ERI，他参与投资的溯源、结构调配和谈判，也参与公司及其投资伙伴关系的管理工作。

爱德华·（特德）·帕森：加州大学洛杉矶分校的丹和雷·埃米特环境法教授。他主要研究国际环境法和政策，及颠覆性技术的影响和管理。他在多伦多大学获得物理学学位，在大不列颠哥伦比亚大学获得运筹学硕士学位，在哈佛大学获得公共政策学博士学位。他之前是一位古典音乐家以及积极的环保人士。

哈耶迪·帕特尔：领导着 OurIndia 投资公司，在印度商学院执教并进行咨询工作。他的工作融合了统计学、经济学和行为决策。在芝加哥大学获得博士学位后，他先后在哈佛大学、波士顿学院和波士顿大学执教。在 2001 年到 2008 年间，他是 Choicestream 的首席科学官。

哈罗德·波利亚克：芝加哥大学城市公共卫生研究员。他近期的研究集中在行为健康的边界和刑事司法系统中提升对个人的服务。他曾任美国政治科学协会卫生政治与政策部门的主席，发表了大量贫困政策与公共卫生的交叉领域的研究文章。他的文章经常出现在《华盛顿邮报》《纽约时报》等主流媒体上。

塔兰·拉古拉曼：哈佛大学肯尼迪学院公共政策专业在读的研究生。他关注美国的政治极化、国家身份认同问题。他曾担任公立学区的顾问，现在是哈佛大学肯尼迪学院教育政策和管理项目中的研究员。他在布朗大学获得了物理学和经济学学士学位。

保罗·雷斯尼克：密歇根大学信息学院迈克尔·科恩信息学教授、研究与学院事务副主任。他曾在美国电话电报公司实验室和美国电话电报公司贝尔实验室担任研究员，在麻省理工学院斯隆商学院担任助理教授。他在密歇根大学获得数学学士学位，在麻省理工学院获得电子工程与计算机科学硕士和博士学位。

克里斯·罗伯特：技术专家、企业家、经济学家、研究员和讲师。他建立了 Dobility 公司，该公司创造了 SurveyCTO 电子数据收集平台，这是一个全球领先的供研究员和评估专家使用的平台。他参与了一个评估南印度地区小额信贷影响的长期项目，为一个项目设计了促进在政策制定中运用实证的线上课程（最初在巴基斯坦和印度）。他在哈佛大学肯尼迪学院教授统计学和政策分析。

托德·罗杰斯：哈佛大学肯尼迪学院的行为科学家和公共政策学教授。他的研究主要是将行为科学的视角和方法用于理解重要的社会挑战以及研发应对挑战的干预机制。他也在研究如何帮助家庭有效地支持学生走向成功以及如何改善民主。

德芙佳妮·罗伊：得克萨斯理工大学健康科学学院的常务董事，是哈佛大学肯尼迪学院的前博士后研究员。她在哈佛大学时主要研究人性和行为科学的交叉领域。

威廉·塞缪尔森：波士顿大学凯斯特罗姆商学院的金融和经济学教授。他的研究兴趣包括决策制定、谈判、冲突解决、博弈论、实验经济学、行为经济学和竞争竞价。他的学术论文发表在《美国经济评论》《计量经济学》《金融杂志》《管理科学》《运筹学》和《经济学季刊》这些顶级期刊上。他自己完成了两本专著，分别是《博弈论及其商业应用》和《管理经济学》（第 9 版）。

弗雷德里克·肖尔：弗吉尼亚大学大卫和玛丽·哈里森杰出法学教授，曾任哈佛大学肯尼迪学院弗兰·斯坦顿第一修正案教授以及密歇根大学法学教授。他的文章涉及法律推理、宪法、言论和新闻自由、证据和法律理论政策以及法律哲学。

本杰明·施内尔：哈佛大学肯尼迪学院公共政策学助理教授，主要研究美国政治。他在哈佛大学管理学院获得了博士学位。

彼得·舒克：耶鲁法学院的西梅昂·鲍德温荣誉法学教授，伯克利法学院 Darling 基金会客座教授，纽约大学法学院杰出学者。

戴维·斯拉斯基：堪萨斯大学经济学副教授。他的研究重点是医疗保健、儿童、基础设施与环境、保险等领域。他在耶鲁大学获得了物理学与国际研究学士学位，在普林斯顿大学获得了经济学硕士和博士学位。

埃琳·圣彼得：沃顿商学院风险管理中心和房地产部门的分析研究员。她此前在一家美国原住民社区发展金融机构工作，为部落土地提供直接抵押贷款。她在鲍登学院获得经济学与管理／法律研究学士学位，在哈佛大学肯尼迪学院获得公共政策学硕士学位。

罗布·斯塔温斯：哈佛大学肯尼迪学院的 A. J. 迈耶能源与经济发展教授，哈佛大学环境经济学项目主任，公共政策、政治经济学与管理学博士研究生院主任，哈佛大学肯尼迪学院联合学位项目联席主席以及哈佛大学气候协定项目主任。他还是未来资源研究所的大学研究员，美国国家统计局副研究员，环境与资源经济学家协会当选会员。

杰西卡·斯特恩：波士顿大学帕迪环球研究院教授。她的教学和写作都围绕施暴者展开。她最近出版的著述有《我的战犯：与种族灭绝策划者的私人接触》(*My War Criminal: Personal Encounters with an Architect of Genocide*)、《ISIS：恐怖王国》（*ISIS: The State of Terror*，与伯杰合著）和《否认》。

劳拉·斯托扬诺维奇：哈佛大学经济学专业的大三学生。

拉里·萨默斯：哈佛大学查尔斯·艾略特校级教授及荣誉校长。他曾担任克林顿总统时期的第71任财政部部长和奥巴马总统时期的美国国家经济委员会主任。

陈映岚：在2017年建立了Insignia Ventures Partners投资公司，现任管理合伙人。他是国际下一代领袖之星董事会成员、新加坡政府亲商小组成员，是未来经济委员会、未来企业能力和创新小组委员会成员。他也是新加坡华侨中学的董事会成员和新加坡国立大学客座副教授。

亚伊尔·陶曼：石溪大学经济学教授，赫兹利亚跨学科研究中心阿德尔森创业学院院长，他还担任Zell创业项目的学术主任。他在耶路撒冷希伯来大学获得数学硕士和博士学位，都是在诺贝尔奖得主罗伯特·奥曼（Robort Aumann）的指导下获得的。

马克·汤普森：Equity Resource公司董事长，他于1983年加入这家小型投资公司。1975至1983年间，他在哈佛大学肯尼迪学院担任公共卫生学教授。他曾在巴黎大学和德国的北莱茵－威斯特伐利亚州的比勒菲尔德大学担任客座教授。

陈英：印第安纳大学奥尼尔学院的教授，专研发展中国家的治理问题。他现在的研究集中在公共组织的绩效管理和领导力方面。他的文章发表在《美国政治科学评论》《金融经济学杂志》《法律与经济学杂志》《公共经济学杂志》等前沿期刊上。他近期担任越南总理的经济顾问。他也担任印第安纳大学越南项目主任，该项目是一个关于越南发展政策的全球智库。

斯蒂芬·特劳特曼：德国海德堡大学的行为金融学教授。他的研究兴趣涉及不确定条件下的金融决策、社会偏好与伦理以及更广义的经济决策心理学问题。他是多家发表行为决策研究的期刊的副主编。

本杰明·范·罗伊：斯坦福大学教授，他的研究和教学都集中于强化学习领域。他也在山景城领导着一个 DeepMind 公司的研究团队。

基普·维斯库西：一位出版著作 30 余本、发表文章 370 余篇的经济学家，主要研究风险和不确定性。他是西北大学、杜克大学、哈佛大学以及范德堡大学的终身教授。

亚历山大·瓦格纳：苏黎世大学金融学教授，瑞士金融研究所高级主席。他在哈佛大学获得了政治经济学博士学位。此前，他在家乡奥地利林茨完成了经济学和法学的学习。

赫尔诺特·瓦格纳：在纽约大学教授气候经济学，与已故的马蒂·韦茨曼（Marty Weitzman）合著了《气候冲击》（*Climateshock*）一书，并为彭博社撰写了“风险气候”专栏。在来到纽约大学之前，他与人共同创立了哈佛大学的太阳能地球工程研究项目，并在环境保护基金工作了近10年，近期在那里担任首席高级经济学家。

米尔顿·温斯坦：哈佛大学陈曾熙公共卫生学院的亨利·凯泽健康政策与管理研究教授。他以研究医学实践中的成本效益以及开发医疗保健领域中的经济评估和决策分析方法而闻名。

尼尔斯·沃纳费尔特：Facebook的研究科学家。他在哈佛大学获得了数学学士学位，在麻省理工学院获得经济学博士学位，是图卢兹经济学院的富布赖特学者。

克雷格·怀特：快速增长的波士顿创业公司ConcertAI的高级副总裁及总经理。电子工程师出身的他将他的分析思维应用于解决多种不同的问题。最近他负责领导一个团队进行算法开发，用于确定癌症患者的最优治疗方案。

温迪·怀亚特：担任理查德的行政助理超过 30 年。在此期间，她也作为一名语言病理学家进行了实践。考虑到他们截然不同的专业领域，理查德和温迪的成功表明了正值交叉偏导数在起作用。

乔希·亚德利：哈佛大学肯尼迪学院公共政策兼职讲师，教授计量经济学和量化方法相关课程。他也是布朗大学的兼职讲师，教授项目评估和政策分析课程。

亚历山大·齐格勒（Alexandre Zieglar）：苏黎世大学银行与金融研究所投资组合管理中心主任。他的研究涉猎资产定价、信息获取模型和应用博弈论。他在量化资产管理和软件开发方面有充足的经验，并且是一些专利软件创新的研发者或者共同研发者。

克里斯·祖克：贝恩咨询公司的合伙人。20 多年来，他一直致力于全球战略实践。在贝恩咨询公司，他致力于帮助公司找到新的利润增长点。他在贝恩咨询公司位于阿姆斯特丹和波士顿的办公室工作。

致　谢

我希望在此感谢为本书做出不可替代的贡献的几位朋友。爱丽丝·希思是理查德在哈佛大学肯尼迪学院的助教。她对本书每一章内容都提供了深刻的反馈意见，她帮助我更好地思考，使得这本书对于非专业读者更加友好。米里亚姆·艾文斯（Miriam Avins）的编辑工作非常出色，他是一个思虑周全的合作伙伴。维多利亚·巴纳姆（Victoria Bainum）提供了研究上的辅助，她参与了出版全过程，在我写作的过程中提供了各方面的支持，包括帮我挤出写作时间。露丝·许特（Ruth Hütte）和瓦妮莎·利维（Vanessa Levy）在书的设计方面做出了巨大贡献。

我还要对理查德所有的合作者、同事以及学生表达谢意。

他们为本书提供了各种在生活和工作中践行理查德的分析思维准则的实例和逸事。从很多层面来说，他们几乎可以算是本书的合著者。他们的个人简介在“为本书提供帮助的人们”中。理查德经常能发现有助于他思考、让他更加清醒地认识世界的人。他们中的一些人也为此书做出了直接贡献。有些故人已经离去，但他们的思想依然在流传，包括通过这本书来流传。其中值得特别指出的是理查德的导师肯尼斯·阿罗、弗雷德·莫斯特列尔（Fred Mosteller）、霍华德·拉伊法和托马斯·谢林。他们不仅是各自所在领域的巨人，也在洞察世界方面不拘一格。理查德从他们那里学会了如何思考。

还有一些人在研究、建议、想法、关键信息获取以及鼓舞士气方面帮助了我。他们是加比·阿尔卡拉（Gaby Alcalá），乔希·布金（Josh Bookin），阿卡沙·迪普（Akash Deep），马克·费根（Mark Fagan），玛丽亚·弗拉纳根（Maria Flanagan），戴维·富兰克林（David Franklin），卡特里·格雷皮（Catri Greppi），梅·克林格（Mae Klinger），阿里·利维（Ari Levy），艾利森·平格里（Allison Pingree），米格尔·安杰尔·桑托斯（Miguel Angel Santos），卡罗琳·伍德（Carolyn Wood）和温迪·怀亚特。

我的很多同事帮助我形成了与这本书相关的很多要点的思

路，他们也对此书做出了间接贡献，他们是：Alberto Abadie，Arthur Applbaum，Chris Avery，Mary Jo Bane，Daniel Benatar，Joe Blitztein，Iris Bohnet，Jonathan Borck，Filipe Campante，Suzanne Cooper，Jorrit de Jong，Pinar Dogan，Jack Donahue，Susan Dynarski，Greg Duncan，David Ellwood，Doug Elmendorf，Mark Fagan，Carol Finney，Jeff Frankel，John Friedman，Archon Fung，Alan Garber，Steve Glazerman，Rachel Glennerster，Steve Goldsmith，Tony Gomez-Ibañez，Josh Goodman，Stuart Gurrea，John Haig，Rema Hanna，Ricardo Hausmann，Andrew Ho，Daniel Hojman，Kessely Hong，Dcborah Hughes Hallett，Anders Jensen，Tom Kane，Felipe Kast，Asim Khwaja，Gary King，Steve Kosack，Maciej Kotowski，Michael Kremer，Robert Lawrence，Jennifer Lerner，Jeff Liebman，Dick Light，ErzoVII Luttmer，Brian Mandell，Nuno Martins，Janina Matuszeski，Eric Mazur，Nolan Miller，Francisco Monaldi，Mark Moore，Juan Nagel，Jim Ohls，Rob Olsen，Rohini Pande，Lant Pritchett，Juan Riveros，Chris Robert，Dani Rodrik，Soroush Saghafian，Paulo Santiago，Miguel Santos，Malcolm Sparrow，Rob Stavins，Federico Sturzenegger，Arvind Subramanian，Karti Subramanian，Teddy Svoronos，Moshik Temkin，Mike Toffel，Ernesto Villanueva，Rodrigo Wagner，Steve Walt，Julie Wilson，Josh Yardley，and Andrés Zahler。

注　释

1. 这个问题的正确答案是 1 小时 12 分钟。玛丽粉刷的速度是每小时 1/2 间房，吉姆粉刷的速度是每小时 1/3 间房。所以他们的总速度是每小时 5/6 间房（即 1/2 + 1/3）。这意味着他们粉刷一间房间需要 6/5 小时，即 1 小时 12 分钟。顺便一提，现实世界的答案可能与此不同。如果一起工作有收益（或损失，比如因为他们互相帮助或分散彼此的注意力），现实世界的答案会比教科书上的更短（或更久）。在不同的情境下，最好是在熟悉的情境下思考并行问题常常是有帮助的。例如，假设玛莎和乔在开车。玛莎在两小时内可以行驶100英里[①]。乔行驶同样的距离则需要3小时。

① 英制单位，1 英里约等于 1.6 千米。——编者注

如果他们都在开车，他们总共要花多长时间才能开完 100 英里？这个问题看起来比较简单，因为我们习惯于用每小时的英里数来思考。显然，玛莎以每小时 50 英里的速度开车，而乔以 33.33 英里的速度开车。他们合作 1 小时内可以行驶 83.33 英里。因此，他们需要 1.2 小时，或 1 小时 12 分钟，才能开完 100 英里。

2. 对许多人来说，思考 MPC 的关键挑战是理解边际的含义。它意味着关注最后一个单位会发生什么。经济学家发现边际思维具有非凡的价值。因此，他们会讨论企业的边际成本和个人时间的边际分配。我们将在第 4 章深入探讨关于边际思维的更多细节。
3. 这个故事的灵感来自诚实茶公司，这家瓶装有机茶公司由巴里与他的学生塞思 · 戈德曼创立，后来卖给了可口可乐公司。
4. 卡伦与约翰 · 多纳休都是理查德 2021 年出版的《龙、鹰和私营部门》（*The Dragon, the Eagle and the Private Sector*）一书的共同作者。这种合作反映了互补性原则，这一点将在第 4 章中讨论。该书涉及中美公私合作。卡伦精通中文，对中国非常了解。理查德和约翰则对中国知之甚少，几乎不懂中文。是卡伦使这本书成为可能。
5. Cynthia Haven, “Stanford Economist: How Do We ‘Get off this Path of Deficits as Far as the Eye Can See?’” August 2,

2011.

6. Jonathan K. Nelson and Richard J. Zeckhauser, *The Patron's Payoff: Conspicuous Commissions in Italian Renaissance Art* (Princeton: Princeton University Press, 2004). 他们合著的第二本书为《文艺复兴艺术的危险交易》(*The Risky Business of Renaissance Art*)。
7. 当然，正如谭英兰所意识到的，最坏情况分析不应成为你的指导方针。相反，它们通常能让你免去额外的工作。如果没有通过最难的压力测试，你也不能轻言放弃。随后，你要处理一个颇具挑战性的问题，即猜测可能结果的概率分布，并根据概率权衡每一个结果。关于这方面的更多内容请参见第 2 章和第 3 章。
8. John D. Donahue and Richard J. Zeckhauser, *Collaborative Governance: Private Roles for Public Goals in Turbulent Times* (Princeton：Princeton University Press, 2011). John D. Donahue, Richard Zeckhauser, and Karen Eggleston *The Dragon, the Eagle, and the Private Sector: Publicprivate Collaboration in China and the United States* (Cambridge ; NewYork, NY：Cambridge University Press, 2020).
9. KISS 是美国海军在 1960 年提出的一项设计原则。它指出，大多数系统如果保持简单而不是变得复杂，那么它们的效果最好；因此，简单性应该成为设计的关键目标，而且我们应该避免不必要的复杂性。这句话被认为由飞机工程师凯利·约翰逊（Kelly Johnson）提出。“奥卡姆剃刀原则”或“最经济法则”代表的是一种解决问题的原则，即“如无必要，勿增实体”，简单来说就是，“最简单的解释通常是正确的”。这个想法由英国方济各会修士奥卡姆的威廉（William of Ockham，约 1287—1347 年）提出。奥卡姆是一位学院派哲学家、神学家，他用对简单性的偏好来捍卫神迹存在的观点。这把“哲学剃刀”主张，遇到对于同一预测的竞争性假说时，应该选择假设最少的解决方案。注意，这并不是说要在做出不同预测的假说之间进行选择。

10. 理查德经常把他的导师霍华德·拉伊法称为博弈论和决策分析领域的“约翰尼·阿普尔西德”（Johnny Appleseed），因为很多人都是受到拉伊法的影响才进入这些领域的。约翰尼·阿普尔西德是美国的一位育苗先驱，将苹果树引入了美国中西部的几个州。由于他的善良、慷慨和在保护环境方面的领导力，以及他赋予苹果的象征意义，他成了美国的传奇人物。

11. 阿罗的获奖作品证明了市场出清均衡的存在。它们的存在对任何购物者来说都不足为奇。但阿罗认为，所有人都能轻易掌握的合理条件可以确保其存在。他在著名的“不可能定理”中施展了反向魔法，表明那些看似可行和理想的结果并不总是可能的。这个深刻的定理表明，代议制政府的 5 个合理目标，即个人投票产生集体决策，不能保证得到满足。

12. 2015 年，一台计算机在有 2 500 年历史的棋类游戏——围棋上击败了当时的欧洲冠军樊麾。这被视为人工智能的一项重大成就，因为众所周知，围棋极其复杂，计算机难以掌握。

13. 在这种情况下，求解该模型可以得出这样的结论：好的出行（他称之为“桃子”）与坏的出行（他称之为“柠檬”）的比例是接受所有出行服务的司机的比例。在这个阶段，他还应用了本章前面的极端假设准则：“随着我对这一问题的思考逐渐深入，它开始变得合理：如果每个人都很挑剔，桃子 / 柠檬= 0，这意味着都是柠檬（因为它们总是被踢回骑手池中）。如果桃子 / 柠檬= 1，那么出行的可能性是相同的，这很合理，因为当没有人挑剔时，没有柠檬被踢回来。请注意，在这里，我将讨论所有司机完全挑剔或全不挑剔的极端情况。”

14. Christopher Avery, Andrew Fairbanks, and Richard Zeckhauser, *The Early Admissions Game: Joining the Elite* (Cambridge: Harvard University Press, 2004).

15. 这并不意味着所有的模型都必须简单。理查德说：“适当的简化是建模的伟大艺术”（Appropriate simplification is the great art of modeling）。正如理查德的合著者、苏黎世大学投资组合管理中心主任亚历山大·齐格勒所反馈的那样："正如人们对理查德所期望的那样，这句话做到了微言大义。仅仅是它的前两个词就体现了大多数建模工作中所需要的平衡艺术。简化太过，模型就会遗漏所研究现象的关键驱动因素。简化不够，模型就可能无法求解。因此，这句话虽然以艺术的方式保守地表述，其意义却远不止艺术。适当的简化是建模的全部内容，理查德的话提供了一个判断模型是否有用的标准。在阅读论文和听取研讨会或会议发言时，它是一个很好的指南。"

16. 在决策理论文献中，这被称为双臂强盗问题。有两种不同的独臂强盗机。你在这些赌博机中插入代币，拉动手柄，如果运气够好，就能赚取收益。这两台机器的收益分布不同且未知。给你 1 000 个代币，你可以保留所有的奖金。你必须边玩边决定玩哪台机器。在早期没什么经验时，除非某台机器的性能差很多，否则你不应该放弃它而使用另一台。
17. 这个类比可以用来说明项目评估中更复杂的概念。例如，当试图理解为什么将接受小额信贷计划的人与具有类似可观察特征的人进行比较可能会有问题时，我们可以说，这就像比较两组看起来相似但可能不一样的苹果。例如，也许这两组之间存在着我们无法观察到的差异，比如内部是否有腐烂的斑点，或者味道如何。

18. 随机对照实验并非完美无瑕。我们将在第 2 章简要讨论随机对照实验及其局限性。
19. 这一发现背后存在一个很强大的行为学解释，是理查德的另一个研究和教学核心。在哈佛大学，希拉里的支持者远超特朗普。人们主要依据自己的观察来进行概率预测，而不接受来自预测市场或者全美范围内的民意调查的证据。这一现象被称为获得性启发，这个概念是阿莫斯・特沃斯基（Amos Tversky）和丹尼尔・卡尼曼（Daniel Kahneman）首次提出的。很容易感知到的事件被称之为“可得的”。可得的事件在影响概率判断方面有非常显著的作用，就像特朗普－希拉里的例子里提到的一样。
20. Gerd Gigerenzer, *Risk Savvy: How to Make Good Decisions* (East Rutherford: Penguin Publishing Group, 2014).
21. Anna Dreber Almenberg, David G. Rand, Nils Wernerfelt, Justin R. Garcia, Miguel G. Vilar, J. Koji Lum&Richard J. Zeckhauser. “Dopamine and Risk Choices in Different Domains: Findings Among Serious Tournament Bridge Players.” *Journal of Risk and Uncertainty*, 43, no.1 (2011): 19-38.
22. 有趣的是，你观察到一个你认为不太可能发生的结果的概率会因情境而异。以网球为例，由于少数球员基本能主宰比赛，因此当你发现一位非种子选手问鼎温布尔登网球锦标赛时，你会感到惊讶。但这一情况在男子网球比赛的历史上至少发生过两次——1985 年的鲍里斯·贝克尔（Boris Becker）以及 2001 年的戈兰·伊万尼塞维奇（Goran Ivanisevic）。将这一情况与竞选美国总统的人相比较，我们发现在 30 岁时，那些未来总统绝大多数看起来都不像会成为总统的样子。极少的人（比如乔·拜登和乔治·布什）在 30 岁的时候有超过 1% 的概率成为未来的某一任总统。除此之外的绝大多数人在未来就任的概率远低于 1%。当我们把这些小概率加总，可能可以说这些人有超过 50% 的概率成为总统。因此可以说，他们中任意一个独立个体成为总统的概率低于 1%，但是考虑这个群体中有任意一个人会当选的时候明显概率更大。理查德采用了“小概率多玩家”的分析方法来驳斥“艾森豪威尔现象”这一普遍谬论。艾森豪威尔 21 岁时刚刚加入西点军校，高中毕业后他在不起眼的岗位上工作了两年。他 24 岁从西点军校毕业，成绩一般，还有纪律问题。理查德的一个 24 岁的学生说道：“从各个角度来说，我在 24 岁都比艾森豪威尔更杰出。因此，如果他能成为总统，那么我应该也能够成为总统。”这里的归因谬论是，24 岁的艾森豪威尔只有极小的概率成为总统，假设是十万分之一，理查德的学生的概率更高些，可能是万分之一，但是并不代表他应该能够成为总统。

23. 原举例来自：W. B. Gibson and M. M. Menke “Meeting the

Challenge of an Age of Uncertainty," *Handling and Shipping*, Presidential Issue (1973): 205-210。

24. 2021 年 3 月，一艘大船意外地被困苏伊士运河数天并且堵塞了航道。此事让全世界震惊并且导致了数十亿美元的损失。
25. Atul Gawande, *Complications: A surgeon's notes on an imperfect science* (New York: Metropolitan Books, 2002).
26. Richard Zeckhauser, "New Frontiers Beyond Risk and Uncertainty: Ignorance, Group Decision, and Unanticipated Themes." in *Handbook of the Economics of Risk and Uncertainty*, eds. Mark Machina and Kip Viscusi（North Holland: Elsevier, 2014), xvii-xxix.
27. Richard Zeckhauser, "Investing in the Unknown and Unknowable.", in *The Known, the Unknown, and the Unknowable in Financial Risk Management*, eds. Francis X. Diebold, Neil A. Doherty, Richard H. Herring (Princeton: Princeton University Press, 2010), 304-346.
28. 贝比 · 鲁斯的诅咒是一种迷信。它起源于波士顿红袜队在 1918 年之后的许多年里都未能赢得世界职业棒球大赛。1919 赛季结束后，红袜队以 12.5 万美元的价格将明星球员贝比 · 鲁斯卖给了纽约洋基队。在此之前，红袜队是最成功的职业棒球球队之一，而这次出售后，他们在近一个世纪的时间里都未能获得冠军。

29. Sarah Janssen, *The World Almanac and Book of Facts 2020*, (World Almanac Books, 2020). Central Intelligence Agency, The World Factbook, n.d.

30. 在美国，总统和副总统不是由公民直接选举产生的，而是由“选举人”通过一个被称为“选举团”的程序选出的。选举团由 538 名选举人组成。总统胜选需要 270 张选举人票的多数票。在大多数州，州法律规定，得票最多的候选人将获得该州所有的选举人票。例如，在 2016 年的总统选举中，希拉里·克林顿在加州获得了 8 753 788 票，而唐纳德·特朗普获得了 4 483 810 票。这意味着希拉里·克林顿赢得了加利福尼亚州，并获得了加州的全部 55 张选举人票。

31. 这个概率是 29%，也就是在 52 次（总卡牌数）机会中有 15 次（关联卡牌数）。当概率是客观的时，人们更不容易惊讶或者产生偏差。不幸的是，理查德经常提醒我们，客观概率很少能够在现实世界发挥显著作用。

32. 这并不意味着恰当地使用主观概率就可以凭空捏造数字。你可以通过评估某人在多次估计或预测中的记录来判断他是否擅长评估主观概率。例如，如果一位天气预报员预测一年中某 30 天内下雨的可能性为 10%，我们就会预计其中 3 天会下雨。如果这些天中有 12 天下雨，那就表明天气预报员对降雨的预测不是很准确。预报员可能在另一个方面有所欠缺：未能提供有用的信息。举一个极端的例子，一个预报员在一个有 15% 的天数会下雨的地方。她每天都说："今天下雨的概率是 15%。"她会相当准确地预测一年中下雨天数的百分比，但没有提供任何有用的信息。

33. Alyssa Brown, "There's No Lucky Percentage of Guests Who Will Attend a Wedding." July 03, 2018.

34. 这是贝叶斯统计学中使用的一个术语，贝叶斯统计学是统计学的一个分支，其中概率表示对事件的相信程度。相信的程度可能基于对事件的先验概率，如先前实验的结果，或基于个人对事件的信念。贝叶斯统计方法在获得新数据后，利用贝叶斯定理计算和更新概率。这个领域是以牧师托马斯·贝叶斯（Thomas Bayes）的名字命名的，他在 1763 年发表的一篇论文中阐述了贝叶斯定理的一个具体例子。

35. 一些媒体在 2020 年 11 月大选夜做了类似的更新。

36. 值得注意的是，如果特朗普在纽约州以比预期高得多（或低得多）的票数落败，那将是有益的信息。如果他以低于预期的差距落选，你可以推测他在选举之夜的表现比你预期的好，你就应该提升预测他赢得整个选举的先验概率。

37. 一个有趣的例子是，从消息灵通的一方购买一项资产，比如一块土地。你认为按提议的价格这块土地被低估了，但卖方愿意以这个价格出售它。于是，你得出了一个恰当的推论：对方并不认为这块土地被低估了。

38. 史蒂夫·莱维特是一位享誉世界的经济学家，也许他在经济学界之外享有盛誉是因为写了《纽约时报》畅销书《魔鬼经济学》(*Freakonomics*)，与史蒂夫·J. 达布纳（Stephen J.Dubner）合著（伦敦：企鹅出版社，2006）。

39. 扼杀项目的意愿越强，人们就越有可能承担具有巨大潜在回报但成功机会有限的项目。当早期的反馈表明项目的前景黯淡时，它们可以被迅速叫停，从而避免浪费支出。

40. 如果你非常喜欢你参观的第一所大学，你也可以结束基于旅行收集信息的行动。如果你判断继续收集其他大学的信息的成本大于你在决定选择哪所大学方面可能获得的好处，你就会这样做。

41. William Samuelson and Richard Zeckhauser, "Status Quo Biasin Decision-Making," *Journal of Risk and Uncertainty* 1, no.1 (1988): 7-59.

42. Maryaline Catillon and Richard Zeckhauser, "Unleash the data on COVID-19".

43. 例如，这样的研究可能会考察一些大医院对特定类型患者的治疗经验，这些经验在不同的医院中也会各不相同。

44. 理查德·诺伊施塔特，前哈佛大学肯尼迪学院教授，研究总统问题的专家，也是著名的总统顾问。

45. 近年来，在政策语境中使用“助推”的做法已经广为流传，包括美国在内的许多政府都在联邦层面上设立了“助推”部门。Daniel Kahneman, *Thinking, Fast and Slow* (NewYork: Farrar, Straus and Giroux, 2011), Richard Thaler, *Misbehaving: The Making of Behavioral Economics* (New York: W.W. Norton&Company, 2015), Cass Sunstein and Richard Thaler, *Nudge: Improving Decisions About Health, Wealth, and Happiness* (New Haven: Yale University Press, 2008), and Dan Ariely, *Predictably Irrational: The Hidden Forces that Shape our Decisions* (New York: Harper Perennial, 2010).
46. Anthony Patt and Richard Zeckhauser, “Action Bias and Environmental Decisions.” *Journal of Risk and Uncertainty* 21, no. 1 (2000): 45-72.
47. Annie Duke, *Thinking in Bets: Making Smarter Decisions When You Don't Have All the Facts* (Penguin Publishing Group, 2018).
48. Annie Duke, *How to Decide: Simple Tools for Making Better Choices* (Penguin Publishing Group, 2020).
49. 就像你购买电器或机票一样，购买点的保险往往会定价过高。因为只有卖方才能提供保险，所以他们是垄断者。可以预见，价格肯定会很高。

50. 关于决策树的经典参考文献包括：Howard Raiffa, *Decision Analysis: Introductory Lectures on Choices under Uncertainty*（Random House, 1968）和 Edith Stokey and Richard Zeckhauser, *A Primer for Policy Analysis*（New York: W. W. Norton & Company, 1978）。对决策树的较少技术性解答参见 John S. Hammond, Howard Raiffa, and Ralph L. Keeney, *Smart Choices: A Practical Guide to Making Better Decisions*（Boston: Harvard Business Review Press, 2015）。
51. 尽管保险价格是预期收益的许多倍，许多人还是常为新电器购买保险。车险比家电保险复杂得多，毕竟有不同程度的免赔额。对于一个典型的车主来说，高免赔额的保单定价更公平，因为糟糕的司机倾向于选择低免赔额。在考虑任何涉及金钱的决定时，考虑相对于回报的初始支出是最重要的第一步。决策树思维将教会你这么做。
52. 一个极其糟糕但经常被采用的策略是，仅仅因为困难就推迟做决定，即使你知道不会有新的信息出现。
53. 你可能会反驳说，你没有查看天气预报，因此根据当时的信息，这个决定可能是一个好决定。如今，查看天气预报既快捷又几乎没有成本，因此我们有理由认为，在做出决定的时候，这些信息是很容易（或至少是可以）获得的。
54. 以打高尔夫球为例，你应该根据标准杆来评估结果。戴维无论做出什么决定，即使运气好，也无法预见令人满意的结果。医生正在治疗一个器官癌变的患者，没有这个器官的生活将是痛苦的，但不切除这个器官，患者的预期寿命将大大缩短。这两个决定都不会带来令人愉快的结果。然而，根据患者的情况和偏好，其中一个的结果会是相比较之下更好的。

55. 有趣的是，在萨莉的移植手术后不久，骨髓移植治疗就不再作为乳腺癌的治疗方法了。然而，最近的长期随访研究表明，接受骨髓移植治疗后，高剂量化疗的患者生存率提高了 15%，这与萨莉的肿瘤医生的猜想一致。资料来源：Charles H. Weaver, "High-Dose Chemotherapy&Stem Cell Transplant for Breast Cancer." February 3, 2020。

56. Mark Spranca, Elisa Minsk, and Jonathan Baron, "Omission and Commission in Judgment and Choice." Journal of Experimental Social Psychology 27, no.1 (1991): 76-105.

57. 俗话说，"明枪易躲，暗箭难防"。它强调了有所为所造成的错误，怕转变会带来新的隐藏风险，却忽略了维持现状的可能代价。这是一种误导。

58. 无意之间，不作为的谬误强化了现状偏差，这是理查德与比尔·萨缪尔森合作的高引论文的主题。

59. Thomas Gilovich and Victoria Husted Medvec, "The Experience of Regret: What, When, and Why." *Psychological Review* 102, no.2. (1995): 379-395.

60. 当美国政府迟疑是否应该推荐新冠疫苗接种人群在室外摘下口罩时，他们只是为了避免有所为的错误。实际上，这种情况下摘口罩的风险是较低的。在这个例子中，有所为的错误（极小概率下会出现的接种人群中新冠病例激增）与不作为的错误（已经接种但还依然需要戴口罩的决定导致其他人认为接种没有意义，因为他们依然需要戴口罩）相比较，前者更加不重要。

61. 虽然难以形成定论，但爱丽丝关于限制信息获取的想法在新数据有可能改变决策的情况下依然适用。获取信息以及分析的成本应该与决策变动所带来的收益进行比较。如果新的信息能使决策由 A 改为 B 的可能性很低，那很可能决策 B 与 A 比较起来的相对优势也不明显。举个例子，你给相隔不远的三家商店打电话询问一款洗碗机的价格，发现他们的报价差异不到 10 元。也许你再打电话给第四家能咨询到一个更低的价格，但预期的额外收益可能并不值得你去继续打电话所带来的麻烦。

62. 理查德承认他也许并没有说过“把两套手术器材都准备好”，但是他后来讲述这个故事时做了一些加工，使得这个例子更具有教学意义。

63. 简化起见，这个例子中只使用了一个目标，即最大化参与者的娱乐时间。在现实中，这个问题会复杂得多，但是“关注每单元的投入所对应的产出”这个原则依然适用。

64. “质量调整生命年”是衡量疾病负担的一般性指标，它同时考虑了生命的长度和质量。一年的“质量调整生命年”意味着绝对健康的一年寿命，它的取值在 0（死亡）到 1（绝对健康）之间。理查德在 1976 年与唐纳德·谢泼德（Don Shepard）的一篇合作文章“Where now for saving lives?”里第一次使用这个术语，这篇文章发表在《法律与当代问题》（*Law and Contemporary Problems*）。该术语现在被广泛运用于经济评价的研究中，用来测量医疗干预手段的效果。
65. 如果除了节省时间之外还有其他难以量化的指标能反映出快速公交系统的益处，我们可以问问自己这些福利需要达到何种程度，才能改变我们有关快速公交系统不值得扩建的想法。
66. 这个例子展示了在理解群体的行为时，具体分析其子群体的重要性。参考这一章中有关异质性的准则。
67. 理查德讲述了他在 1962 年面试一份暑期工作时的经历。他的面试官艾林·恩索文（Alan Enthoven，“蓝血十杰”）掌管着五角大楼系统分析办公室。他们深入讨论了理查德的本科毕业论文后，恩索文（一位思想深刻的经济学家，后来成为斯坦福大学的教授）说道：“你知道如何进行四则运算吗？你理解边际分析吗？”理查德回答道：“我会。”“这些是你可以胜任这份工作的基础。”传说中的

“蓝血十杰”式的操作只比小学生在学校能学习到的东西多了一项工具——边际分析。成功的关键是了解如何以及何时使用这些工具，以及将它们运用于哪些变量。掌握边际分析的思维将让你受益无穷。

68. 我们需要了解，用平均值的视角去看待事物并没有什么帮助。举个例子，假如你有一家收益不错的零售商店。有人帮你处理订货、库存等，你的任务就是经营商店。你每周开店 6 天，营业时间从早晨 9 点到下午 7 点。每周工作 60 小时，你的利润是 3 000 美元，平均下来每小时 50 美元。你对于这个每小时的平均收益感到满意。然而，下午 6 点到 7 点之间来店的人很少，大部分人需要的话都会在 6 点之前来购物。你利用两周时间做了一个实验，将营业时间改为早晨 9 点到下午 6 点，利润下降了 4%。也就是说，每天的最后一小时带来的总利润是 120 美元，也就是平均每小时 20 美元。这与你所花费的时间相比并不值得。于是你决定每天 6 点关门。长远来看，一些 6 点半到店失望地发现店已经关门的顾客也许会提早到店，这样你的损失还能更小一些。

69. Iris Bohnet, Fiona Greig, Benedikt Herrmann and Richard Zeckhauser, “Betrayal Aversion: Evidence from Brazil, China, Oman, Switzerland, Turkey, and the United States. ”*The American Economic Review* 98, no.1 (2008): 294-310.

70. Centers for Medicare & Medicaid Services. "National Health Accounts Historical." (n.d).
71. Halsted R. Holman, "The Relation of the Chronic Disease Epidemic to the Health Care Crisis." *ACR Open Rheumatology* 2, no. 3 (2020): 167-173.
72. 自 20 世纪 50 年代以来，控制高血压和胆固醇的平价药物在降低慢性病的死亡率方面起到了巨大作用。理查德认为，考虑到这些药物每美元成本的巨大收益，患者在保险之外的付款应该是 0。
73. Sarah Kaplan and Chris Mooney, "Genetic Data Show How a Single Superspreading Event Sent Coronavirus Across Massachusetts-and the Nation." *The Washington Post*, August 25, 2020.
74. The Heritage Foundation. "COVID-19 Deaths by Age." February 17, 2021.
75. 感染者群体传播病毒的能力也存在着异质性，这与人口密度、社交距离以及感染后出现严重症状的概率有关。我们为什么没有从一开始就将这些都考虑进去呢？因为我们遵循化繁为简的准则，先从一个简单的病例开始，即只有一种类型的异质性，即感染的风险。
76. 理查德所写的与这个主题相关的一篇文章：Donald Shepard and Richard Zeckhauser, "Long-Term Effects of Interven-

tions to Improve Survival in Mixed Populations." *Journal of Chronic Diseases* 33.no.7 (1980): 413-433。

77. Christopher Avery, Andrew Fairbanks, and Richard J. Zeckhauser, The Early Admissions Game (Cambridge): Harvard University Press, 2005). 理查德的学术研究中将异质性运用到了其他场景中，包括储蓄行为、资产价格、社会的总时间偏好，以及在基础人口异质时选择最佳医疗政策等。

78. Harold O. Levy, "Colleges Should Abandon Early Admissions", *Inside Higher Ed*, January 12, 2017.

79. Siyu Ma, Yair Tauman, and Richard Zeckhauser. "Deterrence Games and the Disruption of Information." *HKS Faculty Research Working Paper Series* RWP20-026 (August 2020).

80. 在经济学中，经典的例子是两项投入（资本 K 和劳动力 L）对应于某种产出，其生产函数用 $f(K, L)$ 来表达。正向交叉偏导数（$f_{KL} > 0$）意味着当资本加大时，劳动力的边际效应（即一个额外的劳动力单位投入能获得多少额外的产出）也在增加。它也意味着当劳动力投入增大时，资本的边际效应（即一个额外的资本单位投入能获得多少额外的产出）也在增加。在美国及其他类似国家中，劳动者的生产力较高，部分原因是资本投入很大。举个例子，与手握铲子的工人相比，一位具有同等技能但配备了挖掘机的工人的生产力要高得多。资本和劳动力通常具有正向的交叉偏导数。

81. Bertrand Russell, *The Conquest of Happiness* (New York: H. Liveright, 1930).

82. Richard Zeckhauser, "Howard Raiffa and Our Responsibility to Rationality." *Negotiation Journal* 33, no. 4（October 2017）: 329-332. and "Distinguished Fellow: Reflections on Thomas Schelling," *Journal of Economic Perspectives* 3 no.2（Spring 1989）: 153-164.

83. 当然，这个结果会让人重新评估手机出现故障的可能性（也许你对自己的手机没有想象中那么不小心）。一般来说，有效决策的一个条件是准确地估计概率。如果一项决策正确，你对概率的估计很可能是对的。如果概率评估也是决策的一部分（事实上也经常如此），结果的质量应该会影响到你对决策质量的判断。理查德将此称为"后见之明"。

84. Richard Zeckhauser, "Howard Raiffa and Our Responsibility to Rationality." *Negotiation Journal* 33, no.4 (October 2017): 329-332.

85. Hal R. Arkes and Catherine Blumer, "The psychology of sunk costs." *Organizational Behavior and Human Decision Processes*, 35, no.1 (1985): 124-140.

86. 理查德回顾起那次交谈时说，如果人们将就餐与一个特别的场景联系起来，比如生日聚会、纪念日庆祝，会让那次经历更加令人难以忘怀，在将来也会产生更强烈的由回忆所带来的愉悦感。

87. 拒绝透露一些单维度的信息，比如成本，意味着我们需要考虑最坏的情况。哈佛大学法学院的面试官们不能问申请者的学业成绩，但是他们可以询问："你还有什么想要告诉我的吗？"这时申请者可以告诉面试官他们的成绩。很显然，排名前 10% 的申请者都会乐于分享他们的成绩，处在 10% ～ 20% 的申请者也会想要分享（因为他们是面试官不知道成绩的这些申请者中成绩最好的）。同样的逻辑，只有成绩最差的那些申请者才会只字不提。萨莉了解这种现象，她知道理查德也会明白。萨莉基于此做了一个有益于他们双方的决定。

参考阅读

[1] Ariely, Dan. *Predictably Irrational: The Hidden Forcesthat Shapeour Decisions*. 1st ed. New York: Harper Perennial, 2010.

[2] Arkes, Hal R., and Catherine Blumer. "The Psychology of Sunk Cost." *Organizational Behavior and Human Decision Processes* 35, no. 1(1985): 124-140.

[3] Avery, Christopher, Andrew Fairbanks, and Richard Zeckhauser. *The Early Admissions Game*. Cambridge: Harvard University Press, 2004.

[4] Bohnet, Iris, Fiona Greig, Benedikt Herrmann, and Richard Zeckhauser. "Betrayal Aversion: Evidence from Brazil, China, Oman, Switzerland, Turkey, and the United States." *The American Economic Review* 98, no. 1(2008): 294-310.

[5] Brown, Alyssa. "There's No Lucky Percentage of Guests Who Will Attenda Wedding." July 3, 2018.

[6] Catillon, Maryaline and Richard Zeckhauser. "Unleash the Dataon COVID-19." (n.d.).

[7] Centers for Medicare & Medicaid Services. "National Health Accounts Historical." (n.d.).

[8] Central Intelligence Agency. The World Factbook. (n.d.).

[9] Donahue, John D., Richard Zeckhauser, and Karen Eggleston. *The Dragon, the Eagle, and the Private Sector: Public-private Collaborationin China and the United States*. Cambridge; New York, NY: Cambridge University Press, 2020.

[10] Donahue, John D. and Richard Zeckhauser. *Collaborative Governance: Private Roles for Public Goals in Turbulent Times*. Princeton: Princeton University Press, 2011.

[11] Duke, Annie. *How to Decide*. Penguin Publishing Group, 2020.

[12] Duke, Annie. *Thinking in Bets*. Penguin Publishing Group, 2018.

[13] Dreber, Anna, David. G. Rand, Nils Wernerfelt, Justin R. Garcia, Miguel G. Vilar, J. Koji Lum, and Richard Zeckhauser. "Dopamine and Risk Choices in Different Domains: Findings Among Serious Tournament Bridge Players." *Journal of Risk and Uncertainty* 43, no. 1(2011): 19-38.

[14] Gawande, Atul. *Complications: A Surgeon's Notes on an Imperfect Science*. 1st ed. New York: Metropolitan Books, 2002.

[15] Gibson, Weldon B., and Michael M. Menke. "Meeting the

Challenge of an Age of Uncertainty." *Handling and Shipping, Presidential Issue.* (1973)205-210.

[16] Gigerenzer, Gerd. *Risk Savvy.* East Rutherford: Penguin Publishing Group, 2014.

[17] Gilovich, Thomas, and Victoria Husted Medvec. "The Experience of Regret: What, When, and Why." *Psychological Review* 102, no.2(1995): 379-395.

[18] Hammond, John S., Howard Raiffa, and Ralph L. Keeney. *Smart Choices: A Practical Guide to Making Better Decisions.* Boston: Harvard Business Review Press, 2015.

[19] Haven, Cynthia. "Stanford Economist: How Do We 'Get off this Path of Deficits as Far as the Eye Can See?'" August 2, 2011.

[20] The Heritage Foundation. "COVID-19 Deaths by Age." February 17, 2021.

[21] Holman, Halsted R. "The Relation of the Chronic Disease Epidemic to the Health Care Crisis." *ACR Open Rheumatology* 2, no. 3(2020): 167-173.

[22] Janssen, Sarah. *The World Almanac and Book of Facts, 2020.* World Almanac Books, 2020.

[23] Kahneman, Daniel. *Thinking, Fast and Slow.* 1st ed. Harvard Library ereader collection. New York: Farrar, Straus and Giroux, 2011.

[24] Kaplan, Sarah, and Chris Mooney. "Genetic Data Show How a Single Superspreading Event Sent Coronavirus Across Massachusetts and the Nation." *The Washington Post*, August 25, 2020.

[25] Levitt, Steven D., and Stephen J. Dubner. *Freakonomics : A Rogue Economist Explores the Hidden Side of Everything.* London: Penguin. 2006.

[26] Levy, Harold O. "Colleges Should Abandon Early Admissions." January 12, 2017.

[27] Lloyd-Smith, James O., P. Ekkehard Kopp, Wayne M. Getz, and Sebastian J. Schreiber. "Superspreading and the Effect of Individual Variation on Disease Emergence." *Nature* 438, no.7066(2005): 355-359.

[28] Ma, Siyu, Yair Tauman, and Richard Zeckhauser. "Deterrence Games and the Disruption of Information." *HKS Faculty Research Working Paper Series* RWP20-026, (2020).

[29] Nelson, Jonathan, and Richard Zeckhauser. *The Patron's Payoff: Conspicuous Commissions in Italian Renaissance Art.* Princeton: Princeton University Press, 2004.

[30] Patt, Anthony, and Richard Zeckhauser. "Action Bias and Environmental Decisions." *Journal of Risk and Uncertainty* 21, no. 1(2000): 45-72.

[31] Raiffa, Howard. *Decision Analysis : Introductory Lectures on Choices under Uncertainty*. 1st ed., Random House, 1968.

[32] Russell, Bertrand. *The Conquest of Happiness*. NewYork: H. Liveright, 1930.

[33] Samuelson, William, and Richard Zeckhauser. "Status Quo Bias in Decision Making." *Journal of Risk and Uncertainty* 1, no.1(1988): 7-59.

[34] Shepard, Donald, and Richard Zeckhauser. "Long-Term Effects of Interventions to Improve Survival in Mixed Populations." *Journal of Chronic Diseases 33,* no. 7(1980): 413-433.

[35] Silver, Nate. "National Polls: 2016 Election Forecast." November 8, 2016.

[36] Sneed, Annie. "Computer Beats Go Champion for First Time." January 27, 2016.

[37] Spranca, Mark, Elisa Minsk, and Jonathan Baron. "Omission and Commission in Judgment and Choice." *Journal of Experimental Social Psychology* 27, no. 1(1991): 76-105.

[38] Stokey, Edith, and Richard Zeckhauser. *A Primer for Policy Analysis*. New York: W. W. Norton & Company, 1978.

[39] Thaler, Richard H. *Misbehaving: The Making of Behavioral Economics*. 1st ed. New York: W.W. Norton & Company, 2015.

[40] Thaler, Richard H., and Cass R. Sunstein. *Nudge: Improving*

Decisions About Health, Wealth, and Happiness. New Haven: Yale University Press, 2008.

[41] Weaver, Charles H. "High-Dose Chemotherapy & Stem Cell Transplant for Breast Cancer." February 3, 2020.

[42] Zeckhauser, Richard. "Howard Raiffa and Our Responsibility to Rationality." *Negotiation Journal* 33, no. 4(2017): 329-332.

[43] Zeckhauser, Richard. "New Frontiers Beyond Risk and Uncertainty: Ignorance, Group Decision, and Unanticipated Themes." In *Handbook of the Economics of Risk and Uncertainty*, edited by Mark Machina and Kip Viscusi, xvii-xxix. North Holland: Elsevier, 2014.

[44] Zeckhauser, Richard. "Investing in the Unknown and Unknowable." In *The Known, the Unknown, and the Unknowable in Financial Risk Management,* edited by Francis X. Diebold, NeilA. Doherty, and Richard J. Herring, 304-346. Princeton: Princeton University Press, 2010.

[45] Zeckhauser, Richard. "Distinguished Fellow: Reflections on Thomas Schelling." *The Journal of Economic Perspectives* 3, no. 2(1989): 153-164.

[46] Zeckhauser, Richard, and Donald Shepard. "Where Now for Saving Lives?" *Law and Contemporary Problems* 40, no. 4(1976): 5-45.

译者后记

《分析思维的准则》一书的作者丹·利维将哈佛大学教授理查德·泽克豪泽在肯尼迪政府学院的明星课程《政策分析框架》中的要点提炼成19条准则，并结合日常生活和政策制定等具体场景，讨论这些准则的实践。本书的一大特色在于巧妙运用大量来自泽克豪泽及其周围人的实例，每一个例子都扎根在生活化的场景里，在你我共同经历的考验中，展现出学者们的认知、思考路径与关切之情。这些细节处所闪耀的思想之光是独特而发人深省的。比如他以特朗普首次胜选的案例为切入点，生动诠释了世界蕴含的不确定性。有趣的是，8年后相似的剧情再次上演。在2024年的美国总统选举中，许多专业人士一度对特朗普的胜选持谨慎态度，然而随着7·13选举枪击事件、飓风“海伦妮”等一系列不确定事件的发生，民意调查的风向悄然改变。至我们撰写本篇后记之时，特朗普已经二度当选，即将开启新的执政篇章。

在翻译过程中，我们最深的体会是泽克豪泽真正做到了知行合一。书中介绍了他如何在桥牌比赛、学术合作、家人的医疗决定以及家庭投资策略中运用分析思维。“医者不能自医”这一说法形象地描述了一种常见现象：专业人士在处理专业问题和生活问题时，会将两者相对分离。在讨论专业问题时，他们作为第三方观察者，视角清晰且理智。但是，面对生活中的各种情境时，他们往往难以克服直觉和思维惯性，而从专业角度来看，这些直觉和思维惯性并非最佳策略。阅读《分析思维的准则》一书，有助于我们提高抵抗思维惯性的能力，冷静客观地分析。同时，理性分析并不意味着没有温度。事实上，本书中应用分析思维的例子中充满了人际交往中的温度。对合作者的认可、对朋友的关心、对陌生人的关爱，分析思维的实践案例完美地融合了感性和理性。

在翻译实践中，我们也力求做到知行合一，将泽克豪泽的准则融入工作之中。面对繁杂的翻译任务，初时难免感到无从下手，陷入“复杂性”的境地，我们遵循准则 3“切勿安于复杂的现状”的指引，化繁为简，逐条攻克，不知不觉间完成了全书的翻译工作。面对拖延症的挑战，我们学会了运用准则 18“莫后悔”，以无悔之心拥抱每一个当下。事实证明，畅快生活确是高效产出的源泉。在团队协作中，我们深刻体会到准则 16“最大化利用优势互补”的真谛，团队成员各展所长，译者与编辑紧密协作，共同确保了翻译作品的专业性和可读性。

即使从阅读最功利的需求角度看，本书也堪称绝佳的工具书。当生活进入困局、思维“身陷囹圄”时，理查德一句话的准则往往可以帮你找到出路。本书作者总结的准则拓宽了我们看待世界的视角，从而获得建设性解决问题的空间。本书尽量精简了用词和语句，希望每一位读者都能进入其中。如果你愿意给这本书多一些时间和思考，你会发现它远不止一本工具书，而是一场与理查德及众多学者智慧结晶的深入对谈。比如如何看待他人的成功，是否应该伸出援手，理查德给了我们很好的回答——莫嫉妒，朋友的成功也是你的荣耀。这种成人之美的胸怀和愉悦，许多人终其一生都很难达成。如果全情投入，相信阅读后的你会成为更加了解自己、关照他人、充实生活的个体。未来永远充满未知与变数，智慧准则的普世价值正在于它们可以跨越时空，触动不同文化背景下人们的心灵，以简朴而深邃的智慧光芒照亮人们的生活。

未来，属于终身学习者

我们正在亲历前所未有的变革——互联网改变了信息传递的方式，指数级技术快速发展并颠覆商业世界，人工智能正在侵占越来越多的人类领地。

面对这些变化，我们需要问自己：未来需要什么样的人才？

答案是，成为终身学习者。终身学习意味着永不停歇地追求全面的知识结构、强大的逻辑思考能力和敏锐的感知力。这是一种能够在不断变化中随时重建、更新认知体系的能力。阅读，无疑是帮助我们提高这种能力的最佳途径。

在充满不确定性的时代，答案并不总是简单地出现在书本之中。“读万卷书”不仅要亲自阅读、广泛阅读，也需要我们深入探索好书的内部世界，让知识不再局限于书本之中。

湛庐阅读 App：与最聪明的人共同进化

我们现在推出全新的湛庐阅读App，它将成为您在书本之外，践行终身学习的场所。

- 不用考虑“读什么”。这里汇集了湛庐所有纸质书、电子书、有声书和各种阅读服务。
- 可以学习“怎么读”。我们提供包括课程、精读班和讲书在内的全方位阅读解决方案。
- 谁来领读？您能最先了解到作者、译者、专家等大咖的前沿洞见，他们是高质量思想的源泉。
- 与谁共读？您将加入优秀的读者和终身学习者的行列，他们对阅读和学习具有持久的热情和源源不断的动力。

在湛庐阅读App首页，编辑为您精选了经典书目和优质音视频内容，每天早、中、晚更新，满足您不间断的阅读需求。

【特别专题】【主题书单】【人物特写】等原创专栏，提供专业、深度的解读和选书参考，回应社会议题，是您了解湛庐近千位重要作者思想的独家渠道。

在每本图书的详情页，您将通过深度导读栏目【专家视点】【深度访谈】和【书评】读懂、读透一本好书。

通过这个不设限的学习平台，您在任何时间、任何地点都能获得有价值的思想，并通过阅读实现终身学习。我们邀您共建一个与最聪明的人共同进化的社区，使其成为先进思想交汇的聚集地，这正是我们的使命和价值所在。

浙江省版权局图字：11-2024-560

图书在版编目（CIP）数据

分析思维的准则 /（美）丹 · 利维著 ; 吴琼 , 佘岚冰 , 梁昕怡译 . -- 杭州 : 浙江科学技术出版社 , 2025. 3. -- ISBN 978-7-5739-1706-5

Ⅰ. B804

中国国家版本馆 CIP 数据核字第 2025YC9592 号

书　　名	**分析思维的准则**
著　　者	[美] 丹 · 利维
译　　者	吴　琼　佘岚冰　梁昕怡

出版发行	**浙江科学技术出版社**
	地址：杭州市环城北路 177 号　邮政编码：310006
	办公室电话：0571－85176593
	销售部电话：0571－85062597
	E-mail:zkpress@zkpress.com
印　　刷	唐山富达印务有限公司

开　　本	880mm×1230mm　1/32	**印　　张**	7.75
字　　数	205 千字	**插　　页**	1
版　　次	2025 年 3 月第 1 版	**印　　次**	2025 年 3 月第 1 次印刷
书　　号	ISBN 978-7-5739-1706-5	**定　　价**	99.90 元

责任编辑	陈　岚	**责任美编**	金　晖
责任校对	张　宁	**责任印务**	吕　琰

CHEERS
湛庐

分析思维的准则

Maxims for Thinking Analytically

导读手册

与最聪明的人共同进化

HERE COMES EVERYBODY

湛庐CHEERS

MAXIMS FOR THINKING ANALYTICALLY

重磅导读

01 准则的力量：在理性中追逐美好世界

张志学

北京大学光华管理学院组织与战略管理系教授、

行为科学研究中心主任

02 AI 时代下，一套应对复杂世界的思维工具

李井奎

浙江工商大学经济学教授

浙江大学人文高等研究院驻访学者

03 AI 时代不缺信息，缺的是能把信息转化为灼见的“人”

周凤华

华中师范大学公共管理学院教授、副院长

哈佛燕京访问学者

01

准则的力量：在理性中追逐美好世界

张志学
北京大学光华管理学院组织与战略管理系教授、
行为科学研究中心主任

理查德·泽克豪泽是哈佛大学的经济学家，发表了 300 余篇学术论文，也是美国艺术与科学院院士，曾被提名为美国经济学会杰出会士。泽克豪泽教授在不确定性下的风险管理、行为决策、投资与政策制定等领域造诣深厚，其研究在谷歌学术上的被引次数超过 7.1 万。鉴于他研究的几个领域对于人类社会意义重大，而且与个人生活息息相关，个体一旦掌握了他在这几个领域中总结的分析方法，在面对纷繁复杂的现象和困扰时，自然会变得豁然开朗、聪明且智慧。

本书基于泽克豪泽教授在哈佛大学肯尼迪学院开设了 40 多年的课程《政策分析框架》中的理论观点，记录了泽克豪泽教授融合经济学、决策分析、行为决策、博弈论、运营分析等领域的分析方法，让学生从全新的视角认识到了社会生活中的很多现象。包括新加坡前总理李显龙在内的许多哈佛学生认为这门课改变了他们的人生。泽克豪泽教授以渊博的学识、深邃的智慧、慷慨的胸怀和有趣的风格为人称道。他善于将复杂思想凝练为一条条简洁的准则，并借助丰富生动的事例，启发人们避免仅依赖直觉思考，并学会用严谨的准则反思和调整自己的行为。

《分析思维的准则》一书作者丹·利维可谓泽克豪泽教授的真传弟子，对老师的理论融会贯通，撰写本书既是对老师学术思想的总结，巧妙地立传也在致敬老师致力于帮助人们培养条理化的分析和思考，启迪人们更好地理解周遭世界并做出更智慧的决策。本书首先介绍了泽克豪泽教授总结的关键准则，随后阐释了这些准则在帮助人们应对不确定性、准确理解政策以及提升生活福祉方面的独特作用。作者非常用心，他在 2020 年春天向泽克豪泽教授的同事、合作者及学生发出邀请，请他们分享在实际生活中应用这些准则的故事。他从 150 多封回信中精心挑选了本书所用的现实案例，其中包括彼时与新冠疫情有关的事例，生动展现了这些准则的实践价值。

阅读本书，读者将学会运用这些准则去理解、把握所处的环境，做出更加专业、个性化的决策。将这些准则融入个

人的职业和生活，则能够逐渐养成科学的思考和决策方法，在纷繁的日常生活中抓准那条最重要的线索。我在阅读本书过程中，除了理解泽克豪泽教授总结的诸多准则的内涵及其应用外，还希望与读者分享两点个人感悟。

第一，世界复杂多变且充满不确定性，但人总能够修炼出应对之道和破解之术。世间的种种问题多半源于人为因素，尽管每个人都向往美好的生活，但不少人因追逐名誉、权力和利益而迷失，不能自拔且自大地做出背离美好生活的决策和行为。但是，由人类智慧驱动的社会系统具有强大的复原能力，如森林或瀚海般自我调控的生态系统，终究会回归至通向善与美的正途。然而，这个过程往往是艰辛的。个人若要不被这庞大的艰辛所击垮，要么能够利用自身的影响力和资源帮助他人过上幸福的生活，帮助社会回归和谐的状态，要么自己学会智慧地理解周遭世界，洞察发展的趋势，持着对美好世界的信念和耐心，与生活中各种不如意周旋。

第二，卓越的学者能够通过专业的方式与中立的态度剖析世界，层层剥茧、去粗存精，洞察规律并向世人亮明真相，从而帮助人们理解现象、活得明白。要达成这些目标，社会科学研究者需要放下个人的偏见和自负，毋助长社会戾气，从而培养心怀世界、关爱社会的利他精神。融合学术专业与人文精神，影响人们向往美好，帮助人们追逐光明。罗曼·罗兰说：“世上只有一种英雄主义，那就是在认清了生活的真相后依然热爱生活。”为此，学者需要针对社会现实构筑理论，从而不仅可以描述和预测世界，还能为将世界改造得更为美好提供指南。这是精雕巧刻、博人一笑的研究无法做到的。在日趋偏狭和不确定的当今世界，学者要成为健康、自足、自律、智慧而慷慨的社会成员，并发挥中国古代清流知识分子倡导的精神境界——为天地立心，为生民立命，为往圣继绝学，为万世开太平。

2023 年，我正在办公室伏案工作时收到湛庐团队的翻译邀请，并在两小时内找到了本书的三位译者：吴琼是我担任主任的北京大学中国社会科学调查中心的研究员，也是该中心中国家庭追踪调查项目（CFPS）办公室的主任，她在美国获得心理测量学博士学位；佘岚冰和梁昕怡本科先后毕业于北京大学光华管理学院，两人都修读过我执教的“社会心理学”课程，并展现出对心理学的浓厚兴趣。她们三位既具备心理学的专业修养，又有很好的文笔，是翻译本书的理想人选。几个月之后，我一口气读完三位完成的译稿，发现译稿文字清晰流畅，内容颇富启迪，因此我仅对个别专业术语的表述提出修改建议。感谢三位优秀的译者以及湛庐团队的专业支持，打造出如此精彩的作品。希望各位享受阅读，并受益颇丰。

2025 年写于北京大学光华管理学院

02

AI 时代下，一套应对复杂世界的思维工具

李井奎

浙江工商大学经济学教授，浙江大学人文高等研究院驻访学者

摆在我们面前的这本书，是一本关于经济学家如何在这个不确定性的世界应对纷纭不定的世事所给出的智慧之书。或者，更准确地说，它是一本集中展现哈佛大学肯尼迪学院的伟大学者、经济学家理查德·泽克豪泽一生思维贡献的书。

理查德·泽克豪泽是哈佛大学肯尼迪学院政治经济学弗兰克·P. 拉姆齐教授，是这所闻名世界的著名学院真正的思想引领者。出生于 1940 年的泽克豪泽以最优等成绩获得哈佛大学经济学学士学位，后又获得该校经济学博士学位。他曾经是美国前国防部长罗伯特·麦克纳马拉手下的“神童”之一，在冷战军事战略方面把最前沿的分析应用于其中。

泽克豪泽著作等身，他最重要的著作聚焦于风险管理、决策科学、投资以及不确定性条件下的政策制定。值得一提的是，他在不确定性决策中引入了“无知”这个概念，从而区分了确定性、风险、不确定性以及完全的“无知”这几种决策状态。泽克豪泽的这些思维上的智慧不仅体现在他如何以及为何调配稀缺公共资源以解决公共问题这类国家大事上，还体现在他能够用他从经济学以及决策科学中所领悟的智慧指导我们的生活和工作上。他是一个智者，也是我们智慧人生的导师。《分析思维的准则》便是经济学家丹·利维受到泽克豪泽智慧的启发，为我们所写的一本精彩的智慧之书。

在当今这个时代，不仅信息爆炸，而且以 DeepSeek 等为代表的人工智能也为我们提供了获得海量数据和信息的极为便捷的工具。如今，我们再也不像数十年前面朝黄土背朝天、闭目塞听的先辈那样生活，我们生活在瞬息万变的现代社会，被海量的数据和信息所包围。但是，信息的增加并不意味着我们的决策就会自然变得更加卓越，相反，信息本身还由于需要甄别而导致决策成本的增加，这就需要我们掌握一套应对这一复杂世界的思维工具。而《分析思维的准则》就是这样一本提供应对复杂世界的思维工具的书。这本书不仅仅是一本关于分析方法的指南，更是一本关于如何在不确定性中寻找确定性的哲学思考。利维以其独特的经济学视角，为我们揭示了分析思维的本质：它既是一门科学，也是一门艺术。

传统的分析思维往往局限于线性思考的框架，强调因果关系和确定性。这种思维方式在工业时代发挥了重要作用，但在当今这个复杂多变的 AI 时代中，已经显示出其局限性。本书指出，传统的分析思维就像是在一个二维平面上思考问题，而现实世界却是多维、动态的。因此，经济学视角可以为我们的分析思维带来新的维度。经济学家习惯于在约束条件下思考问题，理解边际效应，分析机会成本。这些思维方式使经济学家能够在看似混乱的市场现象中发现规律，在不确定性中做出最优决策。利维巧妙地将这些经济学思维方法转化为普遍适用的分析准则。

AI 时代下，现代社会的复杂性要求我们采用新的分析范式。我们面对的问题往往具有多重因果关系，存在反馈回路，且边界模糊。本书提出的分析思维准则，正是为了应对这种复杂性而生的。这些准则强调系统性思考，注重长期影响，考虑外部性效应，这些都是应对复杂问题的有力工具。例如，机会成本概念是经济学给分析思维带来的重要见解。本书强调，任何决策都需要考虑放弃的次优选择。这种思维方式使我们能够超越表面的得失，看到更深层次的权衡。在商业决策、政策制定甚至个人生活中，机会成本思维都能带来更明智的选择。边际分析方法是另一个重要的经济学思维工具。本书指出，许多决策的关键不在于总量，而在于边际变化。这种思维方式帮助我们避免“非此即彼”的二元对立，找到最优的平衡点。在资源分配、投资决策等领域，边际分析都能提供独特的见解。此外，均衡思维是理解复杂系统的关键。本书强调，现实世界中的许多现象都是多方力量相互作用的结果。通过均衡思维，我们能够更好地理解市场动态、社会变迁和组织行为。这种思维方式使我们能够预测趋势，发现潜在的机会和风险。

而且，本书还就如何构建分析思维的实践路径提出了具体可操作的方法，例如如何平衡数据与直觉，如何应用系统性思考应对复杂问题，如何在这个信息泛滥的时代培养批判性思维，等等。

在这个充满不确定性的 AI 时代，这本《分析思维的准则》为我们提供了一盏明灯。它不仅仅是一本关于分析方法的书，更是一本关于如何思考的书。本书通过将经济学思维转化为普遍适用的分析准则，为我们提供了一套应对复杂世界的思维工具。这些工具不仅能够提高我们的分析能力，更能够帮助我们在这个充满挑战的世界中做出更明智的决策。这本书值得每一个希望在复杂世界中保持清醒头脑的人阅读和思考。

2025 年写于浙江工商大学经济学院

03

AI 时代不缺信息，缺的是能把信息转化为灼见的“人”

周凤华
华中师范大学公共管理学院教授、副院长
哈佛燕京访问学者

如果你常觉得这个世界杂音太多、选择太难，想要少踩坑、多看清，那么《分析思维的准则》很可能给你一把“冷静钥匙”。

人工智能正以惊人的速度发展，可这并不意味着我们就能被“人工智能替我们思考”所拯救。相反，海量数据和算法推荐常令我们迷失：哪些信息是真的？哪些偏见在作祟？这时，“分析思维”几乎成了当代必备的生存技能。世界经济论坛每年都在《未来就业报告》中强调它的重要性，提醒我们：面对不确定性和过载的信息，唯有拥有独立判断力的人，才能更自在地应对变化与挑战。

好书不怕多，但针对“如何理性决策”的指南常常要么过于学术，要么套路生硬。而《分析思维的准则》不太一样。

- **背景够硬核**：它源自哈佛肯尼迪学院政治经济学教授理查德·泽克豪泽的一门开设了超过40年的课程——《政策分析框架》，更吸引人的是，新加坡前总理李显龙、投资界传奇查理·芒格、诺奖得主理查德·塞勒都曾对他的思维方法拍手称赞。
- **写法够轻巧**：本书作者丹·利维在哈佛教书15年，把一套复杂的理论拆解为“19条箴言”，使它们不烧脑，却又不失通透，像随身带的“小闹钟”，时不时敲打你“别被惯性思维带跑了”。
- **案例够接地气**：你会看到有人凭概率思维节省婚礼预算，也有人通过缜密的风险评估在医疗上争取更高的生存概率，甚至连李显龙都在公共事件中活用这些准则……这些案例一下子就让人感觉，这本书真的实用。

10多年前，我到哈佛燕京学社访学时，就听闻泽克豪泽的名声：他擅长把经济学、博弈论、行为决策等看似艰深的知识，浓缩成可实操的“政策分析框架”。你能从他那里学到的，不仅是做公共政策的锐利工具，你还能把这些工具用在家庭财务、健康管理、团队协作上。现在，《分析思维的准则》中文版可以让更多人有机会不出国门轻松体会哈佛课堂的魅力。

本书最大的亮点，是作者把抽象的思维方法转化为 19 条简洁有力的准则。每条都配有贴近生活的故事，帮助你从复杂的概念中抓住要点。从锚定效应到过度自信，再到社交网络里常见的确认偏差，这些是我们每天都会经历却难以觉察的陷阱。本书用鲜活的案例让你“秒懂”这些概念，并给出化解方法。

在 AI 时代，我们为什么更需要这本书？别以为人工智能能替你决策，它虽然可以生成海量信息，却难辨真伪、衡量风险，也无法确认目标是否可行。海量数据不等于真相，算法推荐不等于理性思考。要在混沌中看清路，就需用分析思维“排雷”。核实数据、设定方案后，你会发现，决策权仍在自己手中。

本书最值得强调的优势包含如下几个方面。

多学科融合：经济学 + 博弈论 + 行为决策，泽克豪泽的“跨界”让你应对各种复杂情境都能得心应手。

通俗易懂又避免肤浅：丹·利维的写作风格既不故作高深，也没流于“鸡汤”。他用真实案例佐证理论，把原本枯燥的研究变成读来有趣的指引。

适用面广：想通过精打细算合理安排家庭支出？想处理好职场合作、团队管理？想将公共议题与投资选择看得更明白？本书都能给你一些“灵光一闪”的思路。

说到底，能让查理·芒格和李显龙都赞不绝口的思维框架，必然经历了广泛验证。此刻我们面对的世界，更迭之快，谁也无法轻言掌控。但越是未知，越需要一套踏实又灵巧的分析工具。《分析思维的准则》把泽克豪泽 40 多年的教学精华浓缩为 19 条短小的准则，帮你在每次“纠结抉择”里听到理性的提示音。

读完这本书，你或许会发现，原来理性并非刻板或枯燥，而是让我们在陷入惯性和噪声前“多问几句”。下一次，你在刷新闻或做重大决定时，请想想那些你曾忽略的假设和数字。小小的一步自省，就能阻止你掉进思维陷阱，反而创造更优选项。

毕竟，AI 时代不缺信息，缺的是能把信息转化为灼见的“人”。这本书，就是打开那扇门的实用钥匙之一。

MAXIMS FOR THINKING
ANALYTICALLY

重磅赞誉

理查德·塞勒

诺贝尔经济学奖得主
芝加哥大学教授,《助推》作者

理查德·泽克豪泽

哈佛大学政治经济学
弗兰克·P. 拉姆齐教授

菲利普·泰洛克

宾夕法尼亚大学心理学教授
《超预测》作者

迈克尔·斯宾塞

诺贝尔经济学奖得主
纽约大学教授

艾里斯·博内特

哈佛大学肯尼迪学院教授

劳伦斯·萨默斯

哈佛大学查尔斯·艾略特校级
教授、荣誉校长
美国财政部前部长

马里昂·米希尔森

两届桥牌世界冠军
理查德·泽克豪泽的桥牌搭档

花一小时与理查德·泽克豪泽交谈，就像给你的大脑注射了一剂大剂量的智慧。要跟上进度可能很难。这本书提供了一个小而容易理解的智慧样本。这是一笔财富。

理查德·塞勒

诺贝尔经济学奖得主

芝加哥大学教授，《助推》作者

我希望这本书能激励你磨炼分析思维，接受不确定性带来的教训，并做出更明智的决策。让这些准则成为你的指南，帮助你以更高超的技巧应对生活中的复杂性，抓住机遇。

理查德·泽克豪泽

哈佛大学政治经济学弗兰克·P. 拉姆齐教授

理查德·泽克豪泽是一个在嘈杂的思想市场中精明的生产者和消费者。他的准则是有效思考的速成班。

菲利普·泰洛克

宾夕法尼亚大学心理学教授

《超预测》作者

在每小时发表的见解和智慧方面，鲜有人能与理查德·泽克豪泽匹敌，在涉及风险和不确定性主题时尤为如此。这本书为读者提供了很多知识。

迈克尔·斯宾塞

诺贝尔经济学奖得主，纽约大学教授

这本书揭示了一个创造性的头脑和一颗关心的心。理查德·泽克豪泽的准则帮助我们变得更聪明、更优秀。分析不等于麻痹，它会带来更明智的决策。如果你想加入成千上万从理查德的智慧中受益的哈佛学生和教职员工的行列，那就阅读本书吧。

艾里斯·博内特

哈佛大学肯尼迪学院教授

这本书将理查德多年的心血汇聚在一起，用显性而非隐性的表达方式来展现他的远见和智慧。书中的准则可以使读者像他那样更好地思考和生活。理查德桃李满天下，我们在各处都能听到他的学生们讲述他的逸事，理查德的准则启发了他们更好地思考。用经济学的语言来说，他的准则是一种公共产品。

劳伦斯·萨默斯

哈佛大学查尔斯·艾略特校级教授、荣誉校长

美国财政部前部长

这本书让我大开眼界。作为一名以概率为基础的游戏的专业人士，我很震惊地意识到我在估计机会和在日常生活中使用概率方面相当糟糕。

马里昂·米希尔森

两届桥牌世界冠军

理查德·泽克豪泽的桥牌搭档

谁是理查德·泽克豪泽？

RICHARD ZECKHAUSER

哈佛大学传奇教授

在哈佛大学的学术星空中，理查德·泽克豪泽是一颗极为耀眼的恒星。他于美国费城开启人生旅程，而后辗转至长岛，自 1958 年踏入哈佛大学的那一刻起，便与哈佛产生了紧密的联系，再未远离那里。

他以优异的成绩从哈佛大学毕业，进而斩获经济学博士学位，随后在哈佛大学肯尼迪学院执教 50 余载。他开设的《政策分析框架》课程，历经 40 余载的沉淀，始终在哈佛校园中熠熠生辉，深受学生们的喜爱。新加坡前总理李显龙多年前在哈佛大学求学时上过这门课。他后来在写给泽克豪泽的信中说：“你的课给我留下了如此深刻的印象，以至于 40 年过去了，我还能记起许多我们讨论过的内容。”

在学术研究中，泽克豪泽涉足多个领域，均取得了斐然成就。在职业生涯早期，他是时任美国国防部长罗伯特·麦克纳马拉召集的将尖端分析应用于冷战军事战略的“神童”之一。在决策理论和行为经济学领域，他是许多关键概念的提出者，如质量调整生命年、现状偏差、背叛厌恶和无知（世界未知状态）等概念。泽克豪泽擅长用现实生活中的例子讲述复杂的概念，比如他通过修建高铁、举办奥运会、管理医疗系统等案例，为相关研究和政策制定提供了参考。他将“无知”引入不确定性下的决策，把决策状态细致划分为“风险”、“不确定性”和完全的“无知”，极大地丰富了决策理论的内涵，让人们对决策过程有了更为深刻的理解。

他的研究成果在促进人类健康、优化市场运作以及助力个人和政府机构做出科学决策等方面都得到了广泛应用。

此外，他与他人合作发表了超过 300 篇学术论文，撰写了大量极具影响力的学术著作。查理·芒格、理查德·塞勒、罗伯特·席勒、卡斯·桑斯坦、迈克尔·斯宾塞等一众学界大咖，都曾在各自的研究中引用过泽克豪泽的研究成果。《查理·芒格的原则》《助推》《错误的行为》《偏差》《信息背后的信息》《反直觉》《哈佛经典谈判术》等一系列畅销作品，也纷纷对他的研究成果加以引用。

泽克豪泽的爱徒丹·利维以《政策分析框架》为基础，将恩师的智慧和心血凝聚成《分析思维的准则》一书中的 19 条准则，启发读者用分析思维去思考问题。

桥牌高手

在桥牌的世界里，泽克豪泽同样是一位令人瞩目的传奇人物。他是美国桥牌协会的重要成员，1966 年，他凭借卓越的牌技和非凡的智慧，一举夺得世界桥牌冠军，在其他各类桥牌比赛中也屡获殊荣。他的桥牌打法独具一格。在牌局中，他通过构建决策树来缜密思考每一步行动。他会将桥牌过程中可能出现的各种复杂情况和决策分支梳理出来，精心构建成一个条理清晰的树状结构。不仅如此，他还擅长运用概率这一有力武器，为决策树的各个分支精准赋值。

桥牌中牌张的分布和各种牌型的出现，都遵循着一定的概率规律，而泽克豪泽就如同一位精通概率密码的大师，能够依据已有的出牌信息、叫牌情况以及桥牌的基本概率知识，精准计算出各种可能性的概率，以此为依据，做出最有利于自己的叫牌和出牌决策，始终朝着成功概率最大的方向迈进。

同时，他在牌局中还是一位敏锐的观察者，十分注重收集各种信息，无论是叫牌过程中对手和搭档传递出的微妙信号，还是出牌的顺序和牌型所透露的蛛丝马迹，他都不会放过。

他会对这些信息进行深度剖析，从中精准推断出对手的牌力、牌型以及可能采取的策略，进而灵活调整自己的打法，在牌局中始终占据主动。

他在桥牌领域发表的多篇论文，聚焦于桥牌中的博弈理论和决策理论等前沿问题，为广大桥牌爱好者和专业选手提供了全新的理论视角和分析方法，帮助他们更好地理解和掌握桥牌中的策略精髓。

分析思维的卓越实践者

泽克豪泽更是一位将分析思维运用到极致的生活智者，他善于运用这种思维去剖析日常生活中的各种问题，并且屡屡创造奇迹。1995 年，命运的阴霾笼罩了他的家庭。他的妻子萨莉被确诊为三期乳腺癌，癌细胞无情地扩散至淋巴结，治疗方案的选择变得异常艰难，每一种方案都伴随着痛苦与死亡的风险。萨莉起初被告知有 8 个阳性结节，泽克豪泽凭借着敏锐的洞察力，让医生重新仔细检查，结果发现实际有 11 个结节，这一发现让萨莉成功获得了参加随机对照实验的宝贵资格。该实验的一组采用高剂量化疗联合骨髓移植治疗方案。医生告知他们，骨髓移植存在 4% 的死亡率，而且存活后对生存概率的影响尚不明确。面对如此严峻的抉择，泽克豪泽和妻子没有盲目听从，而是展开了深入的调查。他们向医生详细询问治疗细节，查阅大量专业文献，咨询多位肿瘤学家，在了解到骨髓移植长期生存率可能更高、所在医院该项治疗死亡率为 0、实验统计员的妹妹也做过此手术等关键信息后，经过深思熟虑，毅然决定申请参加实验。最终，萨莉被分入骨髓移植治疗组。治疗过程异常艰难，萨莉一度在生死边缘徘徊，但正是这个经过严谨分析后做出的决策，让她在 25 年后完全康复，重获新生。

泽克豪泽的母亲因病住院时，他再次展现出了卓越的分析思维和果断的决策能力。医生建议等待检查结果以确定是阑尾炎还是肿瘤，再进行下一步治疗。但泽克豪泽通过分析病情，判断等待可能会带来严重后果，他坚持要求医生立即为母亲做手术。医生听从了他的建议，当晚便进行了手术。手术中发现，他母亲的阑尾已经破裂，发展成了腹膜炎（腹部感染），如果再拖延一天，后果将不堪设想。那位任职于哈佛大学医学院、年约 50 岁的医生事后感慨道，之前从未有人教过他，“如果有些信息不会影响你的决定，就不要等这些信息”。

美国财政部前部长劳伦斯·萨默斯因重病住院，病因不明。医生对他的症状给出了两种可能的诊断。泽克豪泽在探望时，敏锐地向医生询问了这两种疾病在人群中发生的相对频率。得知较为严重的那种疾病的患病率是另一种疾病的 1/10 后，他迅速判断萨默斯更有可能患上不太严重的那种。

然而，一批又一批前来查房的实习医生和住院医生，竟无人能回答这两种诊断出现的相对频率，甚至有些人认为这个信息与萨默斯的症状毫无关联。当他们从泽克豪泽那里了解到关注疾病基础患病率的重要性后，其中不止一位住院医生感叹，这一观点对他们的教育意义，比过去几周从主治医生那里学到的还要深刻。

众多业界大咖对泽克豪泽的智慧和能力赞不绝口。查理·芒格盛赞正确的思考方式就是泽克豪泽打桥牌的方式，看似简单，却蕴含着无尽的智慧。劳伦斯·萨默斯评价泽克豪泽在阅读《纽约时报》时，总能以敏锐的目光发现专家分析中的错误、逻辑漏洞以及值得深入思考的问题，充分彰显出他强大的分析能力和敏锐的洞察力。理查德·塞勒则幽默地表示，与泽克豪泽交谈一小时，就如同给大脑注射了大剂量的智慧药剂，虽然跟上他的思路颇具挑战，但每一次交流都能让人收获满满。

泽克豪泽的智慧或许让我们难以望其项背，但他在解决问题时所运用的分析思维，却为我们打开了一扇通往更智慧决策的大门。学习和借鉴他的分析思维，能够帮助我们更好地理解周围复杂的世界，在生活的各个方面做出更明智的选择，让我们的人生更加充实而精彩。